气候变化40问

丁一汇　郭彩丽　刘　颖
李巧萍　张　莉　张　锦　宋亚芳　编写

气象出版社

图书在版编目(CIP)数据

气候变化40问/丁一汇等编. —北京:气象出版社,2008.3
ISBN 978-7-5029-4461-2

Ⅰ.气…　Ⅱ.丁…　Ⅲ.气候变化-问答　Ⅳ.P467-44

中国版本图书馆CIP数据核字(2008)第017624号

气候变化40问

Qihou Bianhua 40 Wen

出版发行:气象出版社
地　　址:北京市海淀区中关村南大街46号
邮政编码:100081
网　　址:http://www.qxcbs.com
E-mail:　qxcbs@cma.gov.cn
电　　话:总编室 010-68407112,发行部 010-68409198
责任编辑:郭彩丽　崔晓军
终　　审:陈云峰
封面设计:王　伟
责任技编:都　平
责任校对:刘祥玉
印　　刷:北京中新伟业印刷有限公司
开　　本:710×1000　1/16
印　　张:8.5
字　　数:148千字
版　　次:2008年3月第1版
印　　次:2015年1月第3次印刷
印　　数:6501—8500
定　　价:25.00元

前 言

近年来，由于气候变化的事实及其影响越来越显著，构成了对自然系统和人类经济社会可持续发展的现实性威胁，气候变化引起国际社会的高度关注。特别是随着2007年政府间气候变化专门委员会（IPCC）三个工作组第四次评估报告及综合报告的陆续发布，从科学上进一步阐明了人类活动是导致全球气候变化的主要原因，气候变化问题急剧升温，已经远远超出气候变化科学范畴本身，涉及到气候与环境变化、能源安全和经济社会可持续发展，成为国际环境外交和政治经济领域的热点问题。

重视应对气候变化，积极采取适应和减缓气候变化的措施，不断提升生态环境的层次和水平，既是各级政府的责任，也是社会公众的责任。应努力促进提高社会各界对气候变化问题的认识，普及气候变化方面的科学知识，充分认识和理解应对气候变化中我国所面临的压力，增强在社会经济活动中应对气候变化的意识，更全面地理解和接受国家在承担减排义务时可能采取的措施，同时有意识地在行业发展、商业活动以及日常生活中关注气候变化。

利用问答形式阐明深奥的科学理论与成果是一种很好的科普形式。在气候变化领域中，这种形式和应用始于IPCC于2001年发布的第三次评估报告。后来加拿大气象部门也编写了公众最常提出的若干气候变化问题和回答，取得了良好的效果，为此，IPCC第四次评估报告（2007年）专门撰写了19个公众常常有疑问的问题和解答。受这些做法的启示，根据上述材料，并结合中国气候变化的具体研究成果，我们编写了《气候变化40问》一书。

在编写这本书时，我们通过媒体和各种其他渠道，对中国公众经常可能问到的问题作了初步的调查和整理，在本书中做出了更有针对性的回答，但由于水平和篇幅有限，本书中的有些回答并不是最完善的，请读者根据自己的兴趣，再从目前出版的众多专著中深入了解，寻找最满意的回答。

本书有不少编写材料取材于《中国气候变化科学概论》（丁一汇等 2007）中的问题与解答一章，也归纳了IPCC第四次评估报告中的问题与解答，在此表示由衷的感谢。在本书的编写和出版过程中，气象出版社的领导十分关心，责任编辑郭彩丽同志花费了很多时间进行编辑，并撰写了若干新条目，在此一并表示感谢。另外，还要感谢国家气候中心宋亚芳同志在收集图片和其他材料等方面所给予的支持。

丁一汇

2008年2月

目　录

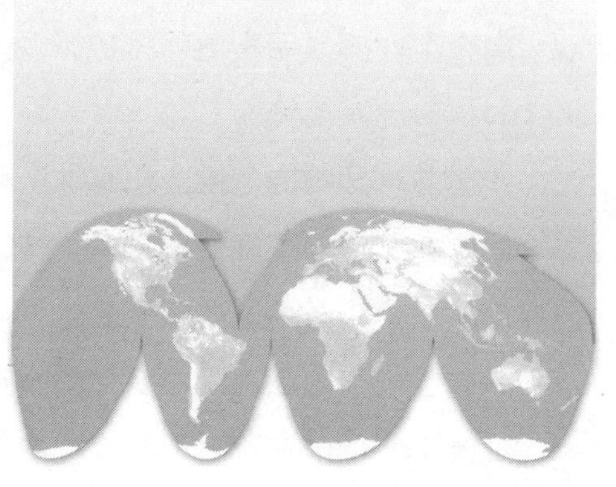

(1) 问题 1　地球气候是由哪些因子决定的?

(6) 问题 2　气候变化和天气有什么关系?

(9) 问题 3　什么是温室效应?

(12) 问题 4　人类活动如何造成气候变化?

(18) 问题 5　全球温度是如何变化的?

(22) 问题 6　降水是如何变化的?

(27) 问题 7　热浪、干旱、洪涝和飓风等极端事件是否发生了变化?

(31) 问题 8　地球上的冰雪总量是否正在减少?

(34) 问题 9　海平面在升高吗?

(37) 问题 10　在工业化时代到来之前是什么原因引起冰期的到来和其他重要的气候变化?

(41) 问题 11　与地球历史上的早期变化相比，当前的气候变化是异常的吗?

(44) 问题 12　全球气候演变中，自然因素的作用究竟有多大?

(53) 问题 13　工业化时代中大气二氧化碳和其他温室气体浓度的增加是由人类活动造成的吗?

(59) 问题 14　用于预估未来气候变化的模式，其可靠性有多大?

(63) 问题 15　单个的极端事件是否能用温室增暖来解释?

(66) 问题 16　20 世纪的变暖是否能用自然变率来解释?

(70) 问题 17　热浪、干旱或洪水等极端事件会随着地球气候变化而发生变化吗?

(72) 问题 18　气候有可能发生重大的或突然的变化吗，比如冰盖消失或全球洋流变化?

(76) 问题 19 如果温室气体排放减少了，它们在大气中的浓度下降得会有多快?
(79) 问题 20 预估的气候变化有地区差别吗?
(81) 问题 21 中国气候变化的主要特征是什么?
(85) 问题 22 中国地区的气候变化与全球相比有什么异同点?
(86) 问题 23 中国应对气候变化的政策是什么?
(88) 问题 24 中国在应对气候变化中采取的基本立场是什么?
(90) 问题 25 气候变化对中国农业有何影响? 中国将采取哪些应对措施?
(92) 问题 26 气候变化对中国水资源有何影响? 中国将采取哪些应对措施?
(94) 问题 27 气候变化对中国林业有何影响? 中国将采取哪些应对措施?
(95) 问题 28 气候变化对中国有关重大工程有何影响?
(96) 问题 29 气候变化对人类健康有何影响? 中国将采取哪些应对措施?
(97) 问题 30 气候变化对自然生态系统有何影响?
(98) 问题 31 气候变暖是否会影响青藏高原的多年冻土? 是否影响到青藏铁路的长期安全运营?
(100) 问题 32 中国是一个季风国家，影响中国的亚洲和东亚夏季风发生了什么变化? 对中国的气候有什么重要影响?
(103) 问题 33 中国经济的迅速发展（包括城市化）对中国乃至全球气候变化有什么影响?
(106) 问题 34 青藏高原的环境变化对中国气候的影响如何?
(108) 问题 35 适应与减缓气候变化的措施有哪些?
(111) 问题 36 中国参与了哪些应对气候变化的国际行动? 这些国际行动是谁发起的?
(115) 问题 37 在全球气候变暖的背景下，为什么某些时段和地区的温度反而有所下降，甚至会有严寒?
(117) 问题 38 未来的全球变暖会发生怎样的变化? 未来气候会像美国电影《后天》中所描绘的那样突然变冷吗?
(120) 问题 39 未来气候将变暖多少? 科学家是如何预测未来气候的?
(123) 问题 40 全球几度增温的潜在后果是什么?
(128) 主要参考书目

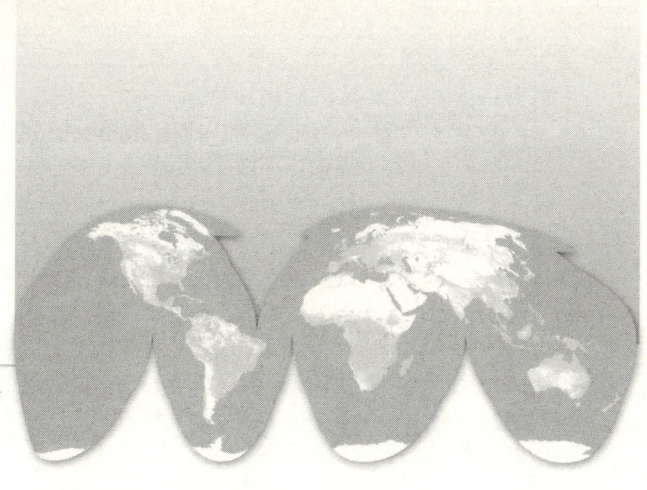

问题1

地球气候是由哪些因子决定的?

地球气候系统包括大气圈、陆地表面、冰雪圈、海洋和其他水体，以及生物圈，各个因子之间存在着复杂的相互作用，从而使气候系统的变化非常复杂。气候系统中的大气圈最能明显地显示气候的特点；气候通常被描述为“平均天气”,即用一段时间内（从数月到数百万年，但典型时段是30年）温度、降水量和风的平均状况及其变化（称为变率）来描述气候。受其内部动力作用以及外部因子（称为“外强迫”）变化的影响，气候系统随时间而变化。外强迫既包括自然现象（如火山爆发和太阳的变化），也包括由人类引起的大气组成的变化。气候系统的根本能源是太阳辐射。有三种基本的途径可以改变地球的辐射平衡：(1)改变入射的太阳辐射（如地球轨道或太阳本身发生变化）；(2)改变反射的太阳辐射[即改变地球的“反照率”（指地球表面反射到太空的辐射通量与入射的太阳通量之比。例如，通过云量的变化、大气中粒子的变化或植被的变化可使反照率发生变化]；(3)改变从地球向太空发射的长波辐射（例如，通过改变温室气体浓度来实现）。而气候也会直接地或者通过一系列反馈机制间接地对这些变化产生响应。

在白天正对着太阳的一面，到达地球大气顶部每平方米上的能量①约为1370瓦，对整个地球平均来说，平均每平方米获得的能量就是这个数

①单位面积上单位时间内发射的（或通过的）能量应称为能量通量，常简称为能量，后文提到的太阳能量实质上是能量通量（瓦/米²）。

专栏1.1　地球的辐射平衡

自然界的一切物体，都以电磁波的形式时刻不停地向外传送能量，这种传送能量的方式就称为**辐射**。而物体通过辐射所放出的能量称为辐射能，也简称辐射。电磁波是由不同波长的波组成的合成波。太阳、地球、大气都在不停地向外发射和吸收辐射。

太阳辐射就是太阳发射出的电磁能，包括X射线、紫外线、可见光、红外线等。太阳的总辐射中大约有9%位于紫外光区，45%位于可见光区，其余位于更长的波段。

红外辐射是指波长比可见光长的辐射。部分太阳辐射是红外辐射，但是更大量的红外辐射是由地球表面、大气和云发射的，这部分辐射称做地球辐射或长波辐射。

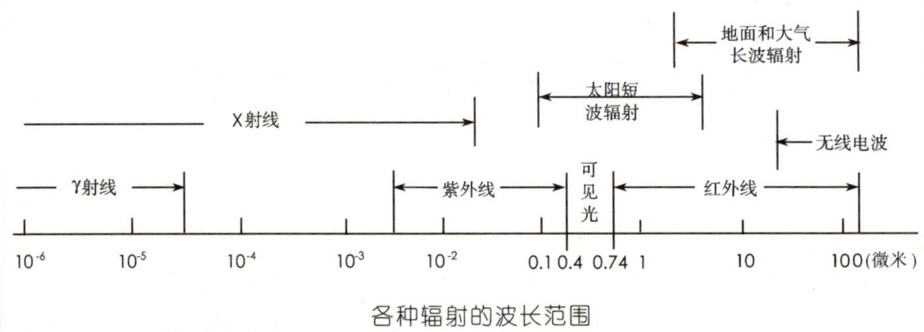

各种辐射的波长范围

从根本上说，地球系统的运转是由太阳辐射驱动的，而地球气候系统中的各种过程都和**地球的辐射平衡**有关，即与地球吸收了多少太阳能，以及这些能量是怎样以地球红外辐射的形式被重新发射回太空的问题有关。

地球系统的温度就是由入射的太阳辐射和地球出射的长波辐射之间的平衡决定的。这两种辐射中的任何一个发生变化，都会影响地球的辐射平衡，即影响地球的温度。

专栏1.2　气溶胶

空气中固体颗粒和液体颗粒的总称。其典型颗粒直径介于10~10 000纳米之间，在空气中的滞留时间至少为数小时，包括自然源气溶胶和人类源气溶胶两种类型。气溶胶能够以两种重要的方式改变气候：第一，它们散射*和吸收太阳辐射和红外辐射；第二，它们能够改变云的微物理性质和化学性质，还可能改变云的生命期和活动范围，从而影响水循环。

注：太阳辐射通过大气时遇到空气分子、尘粒、云滴等质点时，都要发生散射，但散射并不像吸收那样把辐射能转变为热能，而只是改变辐射方向，使太阳辐射以质点为中心向四面八方传播开来。经过散射之后，有一部分太阳辐射就到不了地面。

值的四分之一（见图1.1）。到达大气顶部的阳光大约30%被反射回太空。反射掉的太阳辐射中，约有三分之二是缘于云和大气中的细小粒子（即大家所熟知的“气溶胶”）的贡献，其余的三分之一是被地球表面颜色较浅的区域（主要是积雪、冰盖和沙漠）反射掉的。当巨大的火山爆发时，大量火山灰物质被喷射到大气层中很高的地方，这时气溶胶会导致反射率发生显著的变化。降雨通常可以在一两个星期内清除掉大气中的气溶胶，但当火山物质被喷射到远高于最高云层的大气中时，这些气溶胶就会在其降落到对流层并通过降雨带回地面之前，影响地球气候长达一两年之久。因此，巨大的火山爆发可以在数月甚至数年的时间里使地球平均表面温度降低约 0.5 ℃，一些源自人类活动的人造气溶胶也会显著地反射太阳光。

没有被反射回太空而被地球表面和大气层吸收的能量大约为 235 瓦/米^2。为了平衡入射的能量，平均而言，地球必须向太空发射等量的辐射。地球通过向外发射长波辐射来实现辐射平衡。地球上的所有物体都在持续不断地发射长波辐射。比如，我们从一堆火发射的辐射中可以感觉到热能；物体温度越高，它发射的热能就越多。为了发射 235 瓦/米^{2}的能量，地球表面的温度必须维持在约 −19 ℃。这比地球表面的实际状况要冷得多（地表平均温度约为 14 ℃）。而实际上人们发现，所必需的 −19 ℃的温度存在于地球表面上空大约 5 千米的高度上。

地球表面之所以如此温暖缘于大气中存在温室气体，它像一床毛毯一样阻挡住了一部分来自地球表面的长波辐射。这种毛毯作用就是大家熟知的自然温室效应。最主要的温室气体是水汽和二氧化碳，而大气中含量最丰富的两种成分——氮气和氧气——却一点温室效应也没有。另一方面，

云也具有与温室气体类似的毛毯效应；但是这种效应被它们自身对太阳辐射的反射率抵消了，这样，平均而言，云对气候的作用趋向于具有冷却效应（尽管在局地上人们可以感觉到增暖效应：有云的夜晚比晴朗的夜晚更暖和，因为云向地面发射长波辐射）。人类活动通过排放温室气体增强了毛毯效应。例如，工业革命以来，大气中的二氧化碳含量已经增加了约35%，而这个增加量是由人类活动（主要是燃烧矿物燃料和毁林）造成的。因此，人类已经显著地改变了全球大气中对气候有重要影响的化学组成。

由于地球是一个球体，所以，如果指定同样大小的面积，热带地区比高纬度地区获得的入射太阳辐射要多，这是因为太阳到达高纬度地区的大气时入射的角度较小。多余的能量通过大气环流和海洋环流（包括风暴系统）从赤道地区向高纬度地区传输。从海洋或陆面蒸发水分也需要能量，这种能量称为潜热，当水汽在云中凝结时就会释放潜热（见图1.1）。大气环流主要由释放的潜热来驱动。而大气环流又通过海洋表面风的运动以及通过降水和蒸发造成的海面温度及盐度的变化来驱动大部分海洋环流。

由于地球是旋转的，大气环流的分布型式趋向于东西方向而非南北方向。中纬度西风带的大尺度天气系统可以把能量向极地方向传输。这些天气系统就是我们熟知的不断移动的低压及高压系统以及有关的冷锋和暖锋。由于海陆温差以及山脉和冰盖的阻挡作用，环流系统中行星尺度的大气波在大陆和山脉等地理因素的影响下有相对固定的分布，尽管其振幅会随时间而变化。由于波的分布型式，北美的冷冬也许和同一个半球其他地方的暖冬是有关联的。气候系统不同方面的变化——如冰盖的面积、植被的类型和分布，或者大气或海洋的温度——都将影响大气和海洋的大尺度环流特征。

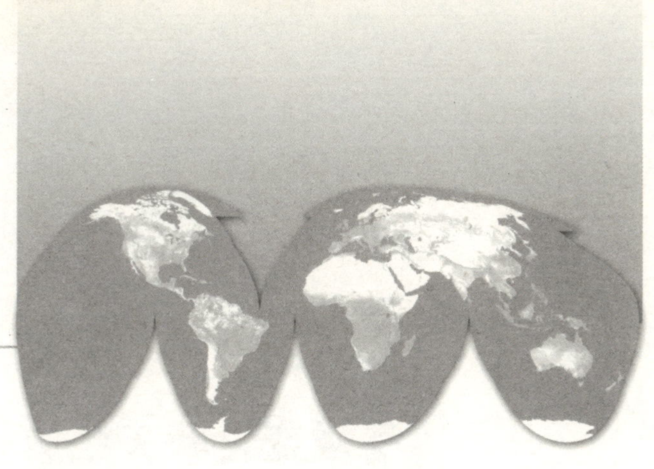

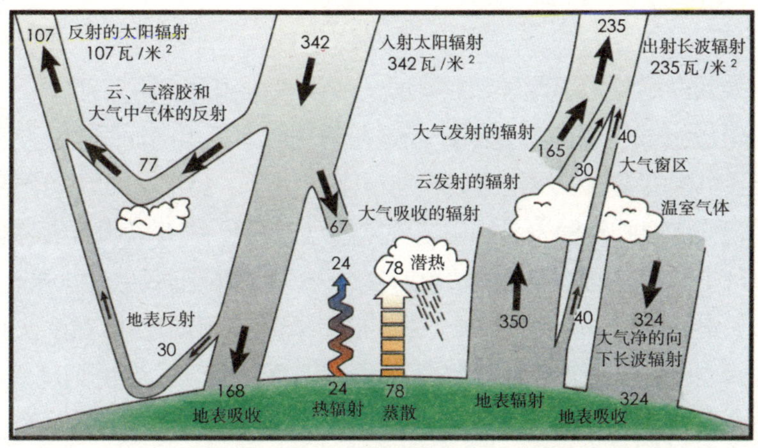

图1.1　地球年平均全球能量平衡示意图

从长期来看，地球和大气吸收的入射太阳辐射与地球和大气释放的出射长波辐射是平衡的。约有一半的入射太阳辐射被地球表面吸收。这部分能量通过加热与地面接触的空气（形成热泡）、蒸散以及被云及温室气体吸收的长波辐射而被传输到大气层。大气层又发射长波能量，一部分返回地球，一部分出射到太空（引自Kiehl等．1997．*Bull. Am. Meteor. Soc.*，78：197-206.）

气候系统中有许多反馈机制，它们或者放大或者减小气候强迫变化的效应，前者称为“正反馈”，后者称为“负反馈”。例如，当温室气体浓度升高使地球气候变暖时，冰和雪开始融化。冰雪融化使冰雪覆盖下的陆地和水体表面颜色变深，继而这些表面的反照率减小，从而会吸收更多的太阳辐射，使增暖加剧，增暖加剧后使得更多的冰雪融化，从而形成自增强循环。这个反馈过程叫做“冰-反照率反馈”，它放大了由温室气体浓度升高造成的初始增暖。检测、辨识和仔细地定量研究气候反馈已经成为科学家在揭示地球气候的复杂性时重点研究的问题之一。

问题 2

气候变化和天气有什么关系?

气候通常定义为平均天气，因此，气候变化和天气密不可分。观测表明，天气已经发生了许多变化，正是在统计学上天气随时间的变化使我们辨识出了气候的变化。尽管天气和气候密切相连，但它们却具有重要差异。当人们向科学家问及他们是如何能够预估从现在起 50 年的气候却不能由今天预报几个星期之后的天气时，通常会对天气和气候的概念产生混淆。天气在本质上是无序的，这使得数天之后的天气具有不可预报性。而预估由大气成分或其他因子的变化引起的气候（即长期平均天气）变化则是完全不同的另一件事，处理起来要容易得多。打个比方，我们不能预测任何个人的寿命，但却可以很有把握地说，在发达国家，男人的平均寿命大约是 75 岁。人们容易混淆的另一点，是觉得地球上某一地点的冷冬或冷事件是反对全球变暖的证据。既然全球变暖怎么还有这些冷事件？但从全球来看，我们知道地球上一直都有极端暖事件和极端冷事件，尽管它们的发生频率和强度会随着气候的变化而变化。但是当对天气在空间和时间上都做了平均之后，全球正在变暖的事实就会从资料中清楚地反映出来。

为了观测、了解和预报天气系统的逐日演变，气象学家付出了巨大的努力。他们利用控制大气运动、冷暖变化、降水（雨、雪）和水分蒸发的物理概念，已经能够成功地预报未来数天的天气。对于数天之后的天气预报，主要的限制性因子是大气的基本动力学性质。20 世纪 60 年代，气象学家洛仑兹（Edward Lorenz）发现，初始条件中的非常小的变化可以导致完全不同的预报结果。这就是所谓的蝴蝶效应：一只蝴蝶在某个地方扇动翅膀（或其他一些小事件），原则上可以在后来改变相距

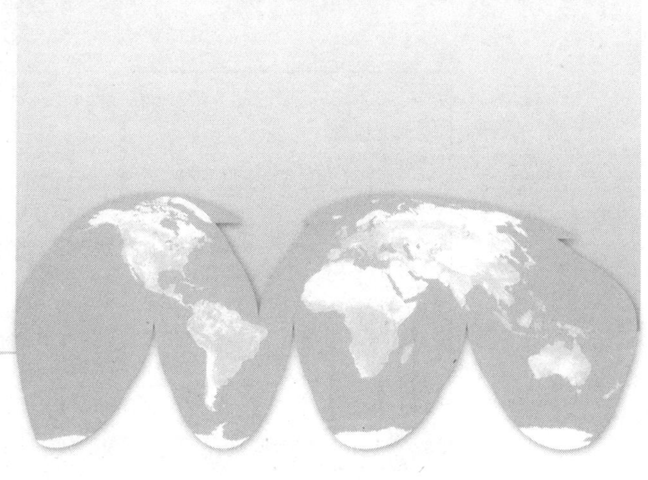

专栏2.1　混沌运动和混沌理论

混沌运动指动力学系统由于其内在随机性而出现的不可预测的、看似无规则的运动状态。动力学系统由微分方程、偏微分方程、差分方程或一些迭代方程来描述。这些方程的系数都是确定的。对于某些非线性动力学系统，其长时间的行为或演化过程对系统状态的初值具有极大的敏感性，其行为具有随机性，演化过程实际上不可预测，只有某种统计特征。研究和分析混沌运动的理论称为**混沌理论**，亦称“混沌学”。

遥远的某地的天气。蝴蝶效应的核心是混沌理论，该理论可以处理某些变量中的微小变化是如何在复杂系统中引起明显的无规则变化的。

无论如何，混沌理论并不意味着大气完全是无秩序的运动或变化。例如，在其发展过程中，早期条件的微小差异有可能改变风暴系统到达的时间或其原有的发生路径，但是对这个地区来说，在这个时间段中，平均的温度和降水量（即气候）依然相同。天气预报中一个很重要的问题是要知道预报阶段的所有初始条件，所以，在处理天气的背景条件时考虑当地的气候条件非常有用。更确切地说，可以把气候看做是关于整个地球系统——包括大气、陆地、海洋、冰和雪，以及生物（见图2.1）——的情形，它们都是决定天气类型的全球背景条件。如影响秘鲁海岸带天气的厄尔尼诺（El Nino）事件，厄尔尼诺把可能发生的天气类型的变化限制在一定的特征上。而拉尼娜　（La Nina）事件则会有不同的限制作用。

另一个例子是冬夏季节的对比。季节转换是由于地球系统吸收和放射能量的地理分布发生变化所致。同样，未来气候的预估受地球系统热能的基本变化的影响，特别受到在地球表面捕获热量的温室效应强度增

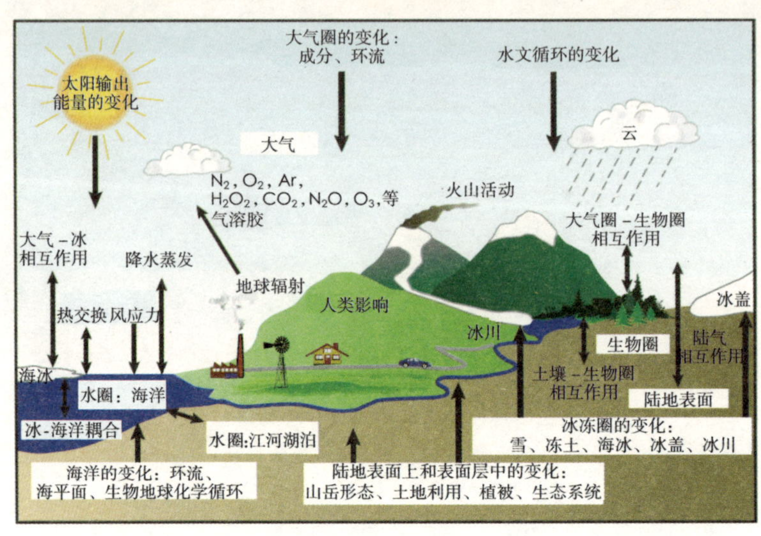

图2.1　气候系统各组成因子及其过程和相互作用示意图

加的影响，而温室效应是由大气中的二氧化碳和其他温室气体的数量决定的。从现在开始预估未来50年温室气体的变化引起的气候变化与从现在开始预报几个星期之后的天气类型的变化是完全不同的问题，前者解决起来要容易得多。换言之，大气成分变化所带来的长期变化比起单独的天气事件的可预报性要大得多。比如，尽管我们预报不出抛掷单个硬币或掷骰子的结果，但却能够预报出大量同类过程的统计表现。

尽管有许多因子都在持续不断地影响气候，但科学家已经确定，人类活动已经变成一支主要的驱动力，而且作为主要原因引起了过去50年观测到的大部分增暖现象。例如，人类引起的气候变化主要源自大气中温室气体浓度的变化，不仅如此，还源自悬浮于空气中的微小颗粒物（气溶胶）的变化以及土地利用的变化。随着气候的变化，某些类型天气事件的发生概率受到影响。例如，随着地球平均温度的升高，有些天气现象（如热浪和强降水）发生得更加频繁，强度也更大了，而有些天气事件（如极端冷事件）的发生频率则在降低，强度也在减弱。

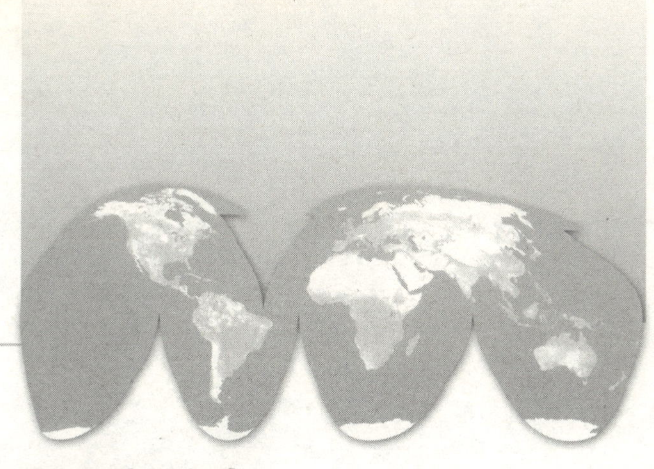

问题3

什么是温室效应？

太阳是地球气候的根本能源，它在电磁波谱波长很短的谱区——主要是可见光区或近可见光区（如紫外谱区）——发射能量。到达地球大气顶层的太阳能量中，大约三分之一被直接反射回太空。其余三分之二被地球表面以及大气（所占份额很小）所吸收。为了平衡所吸收的入射能量，平均而言，地球必须也向太空发射同样数量的能量。地球的温度比太阳要低得多，因此，地球是在电磁波谱波长长得多的谱区——主要是红外谱区——发射辐射（见图3.1）。陆地和海洋所发射的大部分热辐射被大气圈（包括云，以及CO_2等痕量气体）所吸收，并重新将其发射回地球，这种热辐射使其下大气层和地面加热。这称做温室效应。但是仅从热辐射输送过程来理解温室效应还不够，还必须考虑大气温度垂直分布的作用。前面已经指出，大气中的水汽和温室气体吸收了地表发射的长波热辐射，并同时以自身的温度向外空发射热辐射。在大气高层，由于温度比地表低得多，这些气体发射的热辐射量比较小。这些高层的温室气体吸收了大量或全部（看做黑体）由地表发射的长波辐射，但其向外发射的长波辐射却相对少得多。因此这些水汽和温室气体的存在使大气损失于外空的热辐射大大减少。这些温室气体的作用犹如覆盖在地表上的一层棉被，棉被的外表比里表要冷，使地表热辐射不至于无阻挡地射向外空；从而使地表比没有这些温室气体时更为温暖。由上可见，地球上如果没有温度随高度减小的温度垂直分布，就不会有温室效应。温室效应之所以得名是由于上述辐射过程类似于玻璃温室的辐射过程。温室的玻璃可以减少

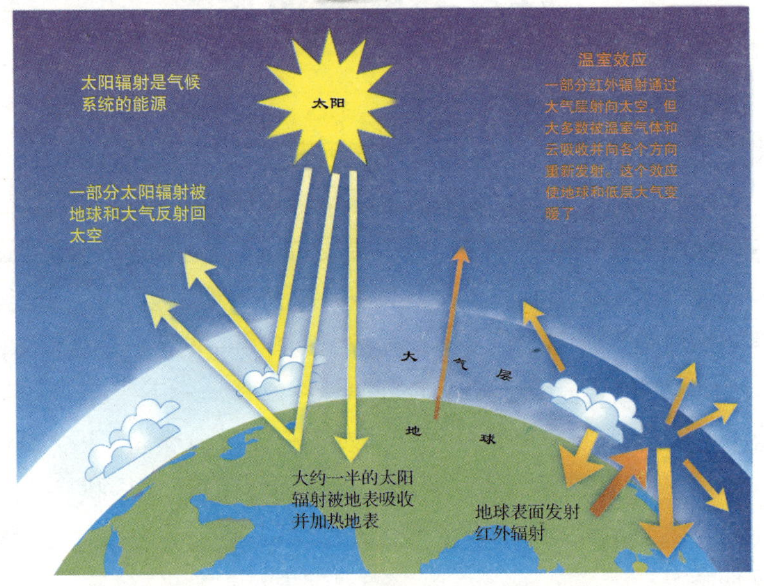

图 3.1　自然温室效应的理想化模型（解释见正文）

空气的流动，并使太阳辐射射入以及阻挡了温室内长波热辐射的外逸，这些作用使温室内部的温度升高。与此类似，地球的温室效应也能使地球表面变暖，只不过它们的物理过程不同罢了。如果没有地球的自然温室效应，地球表面的平均温度将低于冰点。因此，地球的自然温室效应使我们现在已知的所有生命活动成为可能。但是，人类活动（主要是矿物燃料的燃烧和毁林使 CO_2 含量增加）大大增强了自然的温室效应，引起全球变暖。

大气中含量最多的两种气体——氮气（占干空气的 78%）和氧气（占 21%）——几乎没有温室效应。而温室效应来自那些结构更复杂、含量却少得多的分子。水汽是最重要的温室气体，二氧化碳（CO_2）次之。大

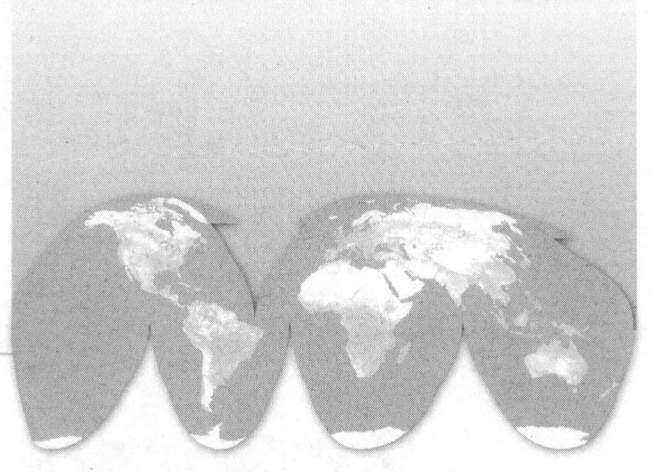

气中的甲烷、一氧化二氮、臭氧和其他微量气体也具有温室效应。在湿润的赤道地区，空气中含有大量的水汽，温室效应非常大，CO_2或水汽的少量增加对向下的红外辐射只产生很小的直接影响。但在寒冷而干燥的极地，CO_2 或水汽少量增加的效应就要大得多。同样，对干冷的高层大气而言，水汽的少许增加对温室效应的影响要比它在近地面同样变化所产生的影响大得多。这在很大程度上可以解释为什么高纬地区变暖最明显。

某些气候系统分量，特别是海洋和生物，会影响大气中的温室气体浓度。最好的例子就是植物通过光合作用把 CO_2 从大气中清除掉并和水一起将其转换成碳水化合物。然而，在工业化时代，通过燃烧矿物燃料和毁林，人类活动已经大大增加了大气中的温室气体含量。

大气中温室气体（如CO_2）浓度的增加增强了温室效应，从而使全球气候变暖。变暖的幅度取决于各种反馈机制。例如，随着温室气体含量增多引起大气变暖，大气中的水汽浓度将升高，从而进一步增强温室效应。这会使大气变得更暖，并导致水汽进一步增加，进入一种自增强循环。水汽的反馈作用非常强，差不多是单独增加 CO_2 引起的温室效应增量的 2 倍。

另一个重要的反馈机制涉及到云。云可以有效地吸收红外辐射，因此也具有较强的温室效应，使地球变暖。云还可以有效地反射掉入射的太阳辐射，从而使地球变冷。现在还不能确定的是，云的增暖作用和变冷作用哪一个占优势。云在任何方面的变化——如云型、地点、含水量、云高、云粒子的大小和形状，或者云的生命史——都会影响到云使地球变暖或变冷的程度。有些变化使地球增暖变强，而其他一些变化则会使地球增暖减弱。目前进行的许多研究都是为了更好地认识云是如何响应气候变暖的，以及这些变化是如何通过各种反馈机制影响气候的。

问题 4

人类活动如何造成气候变化?

人类活动对气候的影响与自然的影响相比，哪个贡献更大?

人类活动会引起大气中温室气体和气溶胶(小粒子)的含量以及云量发生变化，从而造成气候变化。对气候变化影响最大的人类活动是燃烧矿物燃料，通过这一过程人类向大气中排放了大量的二氧化碳。温室气体和气溶胶通过改变入射的太阳辐射和出射的红外(热)辐射来影响气候，这两种辐射都是地球能量平衡的一部分。改变这些气体和粒子在大气中的丰度(即相对含量)或性质可以造成气候系统变暖或变冷。自工业化时代开始(约1750年)以来，人类活动对气候影响的结果是使气候变暖。人类在这个时期里对气候的影响大大超过了缘于我们已知的自然过程(如太阳的变化和火山爆发)的变化。

温室气体

人类活动造成四种主要温室气体的排放：二氧化碳(CO_2)、甲烷(CH_4)、氧化亚氮(N_2O)和卤烃(含有氟、氯、溴的一类气体)。这些气体在大气中不断积累，其浓度随时间而增加。所有这些气体的浓度在工业化时代都已显著升高(见图4.1)。这些升高主要缘于人类活动。

- 二氧化碳浓度的升高主要来自交通运输、建筑物的采暖和制冷，以及水泥和其他商品的生产中矿物燃料的使用。毁林排放CO_2，而且还会减少植物对CO_2的吸收。一些自然过程如植物体的腐烂也会释放CO_2。

- 甲烷的增加是由农业、天然气配送以及垃圾填埋这些人类活动造成的。自然过程(如发生在湿地里的过程)也可以释放甲烷。由于过去20年

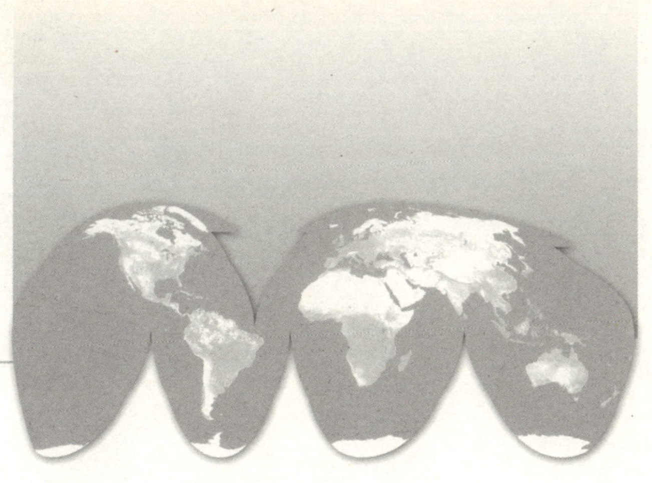

里甲烷浓度增长率的下降，甲烷浓度在当前并不是升高的。

● 氧化亚氮也是人类活动（如肥料的使用和矿物燃料的燃烧）排放的。土壤和海洋中的自然过程也释放 N_2O。

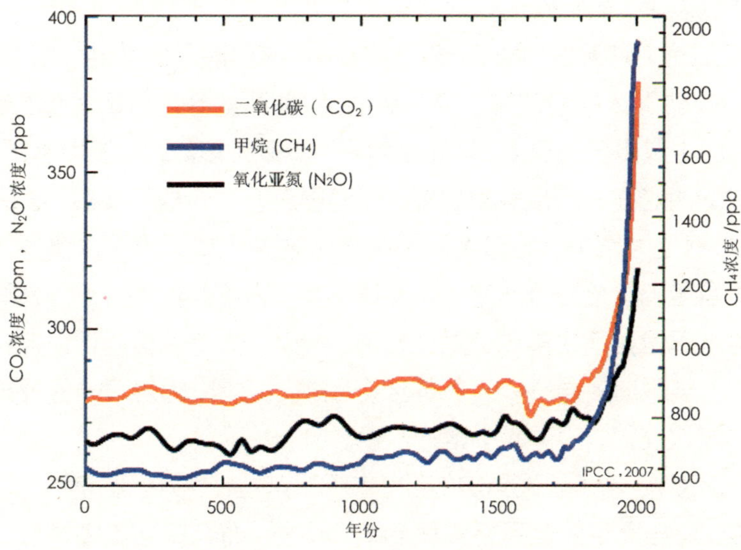

图 4.1　过去 2000 年以来重要的长寿命温室气体在大气中的浓度

注：ppm（百万分之一）或 ppb（十亿分之一），分别表示在大气样品中，每 100 万个或每 10 亿个空气分子中所含有的温室气体分子数。

● 卤烃气体浓度的增长主要是缘于人类活动。自然过程只是一个很小的源。主要的卤烃包括氯氟碳化物（它是由碳、氢、氯及氟构成的卤烃化合物，如 CFC-11 和 CFC-12），它在大气中能够造成平流层臭氧的耗减，在发现此现象之前，它被广泛地用于制冷剂和其他工业过程。保护臭氧层国际公约实施以来，氯氟碳化物的含量正在减少。

● 臭氧是一种温室气体，它在大气中通过化学反应不断生成又不断被清除。在对流层，人类活动排放的一氧化碳、碳氢化合物和氧化亚氮都会通过化学反应生成更多的臭氧，从而使对流层臭氧浓度增加。如前所述，人类活动排放的卤烃在平流层耗损臭氧，在南极洲上空造成了臭氧空洞。

● 水汽是大气中含量最多和最重要的温室气体。然而人类活动对大气中水汽含量的直接影响非常小。但间接地，人类通过改变气候却可以对大气中的水汽含量产生重要的潜在影响。例如，大气变暖后可以容纳更多的水汽。人类活动还通过 CH_4 的排放影响水汽含量，因为 CH_4 在平流层经历化学清除过程时，会生成少量的水汽。

● 气溶胶是存在于大气中的细小粒子，其粒径大小、浓度和化学成分差别很大。有些气溶胶是直接排放到大气中的，而有些则是由排放的混合物形成的。气溶胶包括自然过程产生的气溶胶和人类活动产生的气溶胶两种。矿物燃料和生物质燃烧使含有硫化物、有机化合物和黑碳（烟尘）的气溶胶增加。诸如地面采矿和工业生产过程等人类活动已经增加了大气中的灰尘。自然源气溶胶包括地表排放的矿尘、海盐气溶胶、陆地和海洋中的生物排放物，以及由火山爆发产生的硫酸盐气溶胶和灰尘气溶胶。

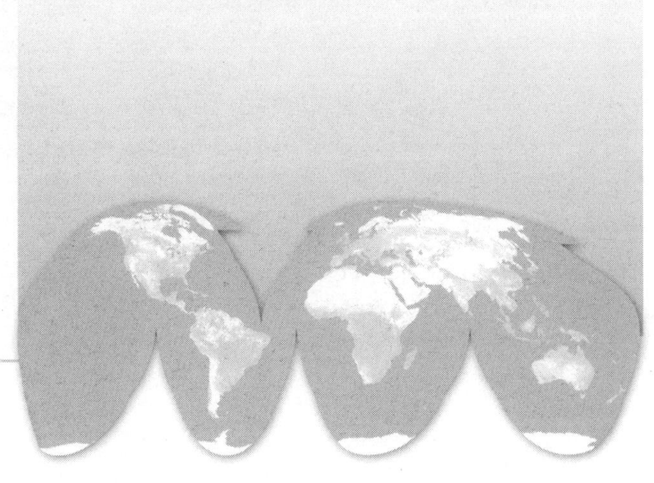

人类活动影响的因子所造成的辐射强迫

人类活动影响的部分因子对辐射强迫的贡献列于图4.2。这些数值反映了相对于工业化时代初期（约1750年）的总体强迫。所有温室气体增加（缘于人类活动）的强迫都是正的，因为大气中的每一种温室气体都要吸收大气射出的红外辐射。在温室气体中，CO_2增加引起的辐射强迫最大。对流层臭氧增加也引起增暖，而平流层臭氧减少则导致变冷。

气溶胶粒子通过反射和吸收大气中的太阳及红外辐射而直接影响辐射强迫。有些气溶胶引起正强迫，而有些则造成负强迫。所有类型气溶胶的综合直接辐射强迫，总体上是负值。气溶胶还通过影响云的性质而造成间接的负辐射强迫。

工业化时代以来，人类活动不仅改变了全球的土地覆盖（主要是通过农田、牧场和森林的变化），而且还改变了冰和雪的反射性质。总体来看，人类活动可能使得现在有更多的太阳辐射被地球表面反射掉了。这一变化导致了负的辐射强迫。

飞机在条件适合的低温高湿区域能产生持续时间很长的线状凝结尾迹。凝结尾迹是一种卷云，它反射太阳辐射，吸收红外辐射。全球飞机运营所造成的线状凝结尾迹增加了地球上空的云量，据估计，它引起了很小的正辐射强迫。

专栏4.1　什么是辐射强迫?

能够引起气候变化的因子，如某种温室气体，其影响通常用辐射强迫来估计。辐射强迫是一个物理量，当影响气候的因子发生变化时，辐射强迫可以度量出地气系统的能量平衡是如何发生变化的。之所以使用“辐射”这个词，是因为这些影响因子会改变地球大气的入射太阳辐射和出射红外辐射之间的平衡。而这个辐射平衡控制着地球表面的温度。“强迫”一词用来表示地球辐射平衡正在被强制性地偏离其正常状态。

辐射强迫通常定量地表示为“大气顶部测得的单位球面积上的能量变化率”，其单位表示为“瓦／米^2”(见图4.2)。当一个因子或一组因子的辐射强迫估计为正值时，地气系统的能量最终是增加的，会导致系统变暖。相反，辐射强迫为负值时，能量最终是减少的，将导致系统变冷。

对气候学家来说，辨识出影响气候的所有因子及其施加辐射强迫的机制，确定每一种因子的辐射强迫，并求出所有影响因子的总的辐射强迫，是当前面临的重要挑战。

自然变化的辐射强迫

自然强迫来源于太阳的变化和火山爆发。工业化时代以来，太阳的输出能量逐渐增加，引起了小幅的正辐射强迫(见图4.2)。这是附加在太阳辐射11年周期变化之外的增量。太阳能直接加热气候系统，并且能够影响某些温室气体(如平流层臭氧)在大气中的含量。巨大的火山爆发会使平流层的硫酸盐气溶胶增多，从而产生短期(2～3年)的负反馈。目前平流层内没有火山气溶胶，因为上一次火山大爆发发生在1991年(皮纳图博火山爆发)。

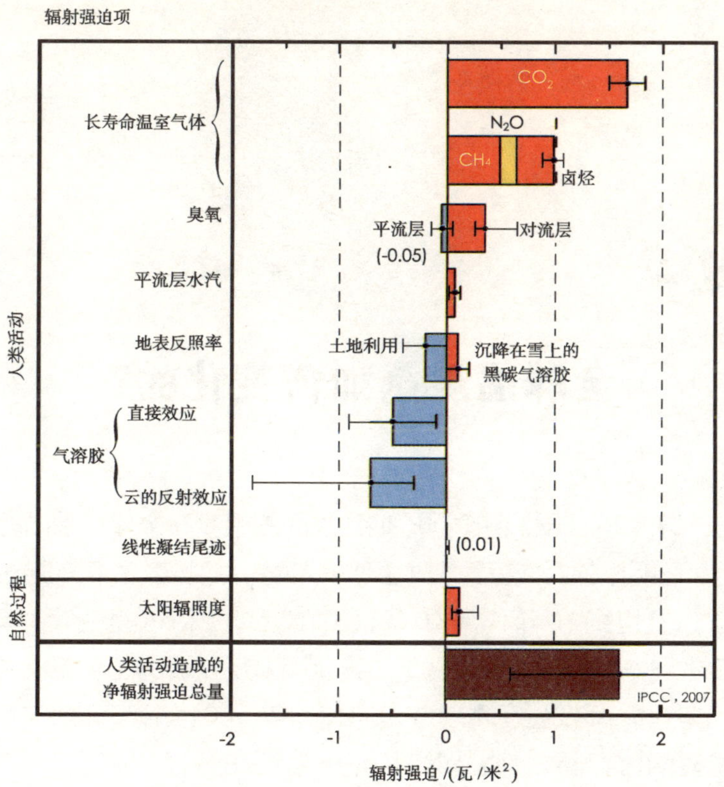

图4.2　影响气候变化的主要因子的辐射强迫

所有这些辐射强迫是由一种或多种影响气候的因子产生的，而这些因子不是与人类活动就是与自然过程有关。数值代表2005 年相对于工业化初期（约1750 年）的辐射强迫。人类活动使大气中的长寿命气体、臭氧、水汽、地表反照率、气溶胶和凝结尾迹发生了显著的变化。1750 —2005 年中比较重要的自然强迫的增加是太阳辐照度。正强迫使气候变暖，负强迫使气候变冷。每个彩色条上的细黑线表示各个数值的不确定性范围

与人类活动自工业化初期以来引起的辐射强迫相比，太阳辐照度变化和火山爆发在这个时期引起的辐射强迫都是非常小的。因此，在今天的大气中，人类活动引起的辐射强迫对当前和未来气候变化的作用比自然过程引起的辐射强迫重要得多。

问题5

全球温度是如何变化的？

过去157年的仪器观测表明，地球表面的温度在全球范围内都有所升高，但是存在明显的区域差异。就全球平均而言，过去100年的增暖发生在两个时段，20世纪10年代至40年代（0.35 ℃）和20世纪70年代至今（0.55 ℃），后一阶段的增暖更强。过去25年中，变暖的速率加快了，12个最暖年份中有11年发生在刚刚过去的12年中。20世纪50年代末期以来的全球观测表明，对流层（地面到约10千米高空）的温度升高了，升高幅度略大于地表面，而平流层（约10～30千米高空）自1979年以来温度明显降低。全球变暖还可以从海洋变暖、海平面升高、冰川融化、北冰洋海冰退缩和北半球多年积雪减少等诸多方面得到证实。

全球温度并不是用单根温度计来测量的，而是把全世界数千个观测站每天测量的不同地方的地面温度和行驶于各个海洋上的航船测得的不同海域的数千个海面温度结合起来，估计出每个月的全球平均温度。为了获得随时间的一致变化，主要的分析实际上都采用距平值（指每个站点的观测值与其气候平均值的偏差），因为从资料的可用性来看，距平值对分析气候变化来说更为可靠。

从全球平均来看，过去100年（1906—2005）地面温度上升了约0.74 ℃（见图5.1）。但是，变暖不是稳定的，并且不同季节和不同地点的变暖也存在差异。从1850年到约1915年，总体上变化不大，基本上在自然变率上下浮动，但极个别样本也有一定的升高。20世纪10年代至40年代全球平均温度上升了0.35 ℃，随后稍有下降（0.1 ℃），再后来至2006年末又快速增暖（0.55 ℃）（图5.1）。这一序列的最暖的年份是1998和2005

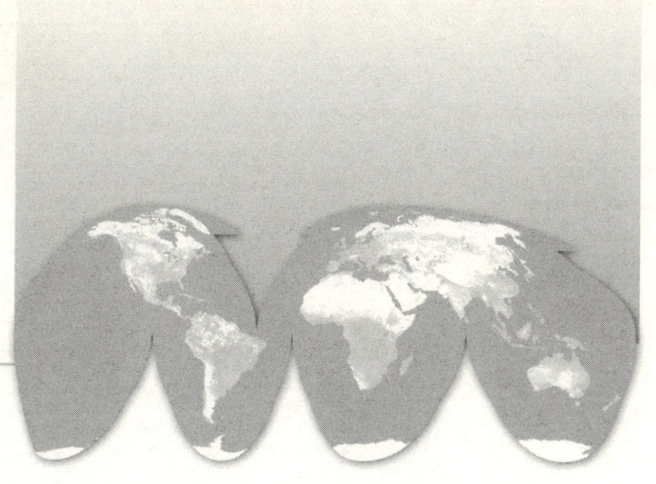

（它们在统计学上没有区别），最暖的 12 年中有 11 年发生在最近的 12 年（1995 — 2006）。陆地的增暖通常高于海洋，特别是 20 世纪 70 年代以来表现得尤为明显。从季节上看，冬半球变暖幅度略大。城市地区还有其他原因导致的增暖，通常称为城市热岛效应，但这种增暖一般局限于一定的空间范围内。

自 1901 年以来，少数地区有所变冷，特别是格陵兰南部附近的北大西洋北部地区。这一时期增暖最强的地区是亚洲内陆和北美洲北部。但由于这些地区的年际变率较大，最明显的增暖信号依然发生在中纬度和低纬度（特别是热带海洋）的部分地区。图 5.1 中左下方的小图给出了 1979 年以来的温度趋势，以及与厄尔尼诺事件有关的太平洋变暖和变冷的地区分布。

最近，人们已经有可能分析世界上许多地区日温度极值的长期变化，包括北美洲和南美洲南部的部分地区、欧洲、亚洲的北部和东部、非洲南部和大洋洲。特别是从 20 世纪 50 年代以来，观测记录表明，非常寒冷的昼、夜记录都减少了，而极端炎热的白天和温暖的夜晚的记录却增加了（见问题 7）。在两个半球的大多数中纬度和高纬度地区，无霜期变长了。在北半球，这主要表现在春季提前到来了。

除了上述地面资料外，人们还利用探空气球（自 1958 年后在陆地上有较合理的覆盖范围）和卫星（自 1979 年以后）对地面以上的空气温度进行观测。由于不同仪器和观测规范的变化，所有资料都进行了必要的调整。人们利用微波卫星资料为包括对流层（从地面向上到约 10 千米高度）和平流层低层（约 10～30 千米）的厚厚的大气层建立了“卫星温度记录”。尽管对 1979 年以来使用的不同卫星上的 13 种仪器使用了改进的

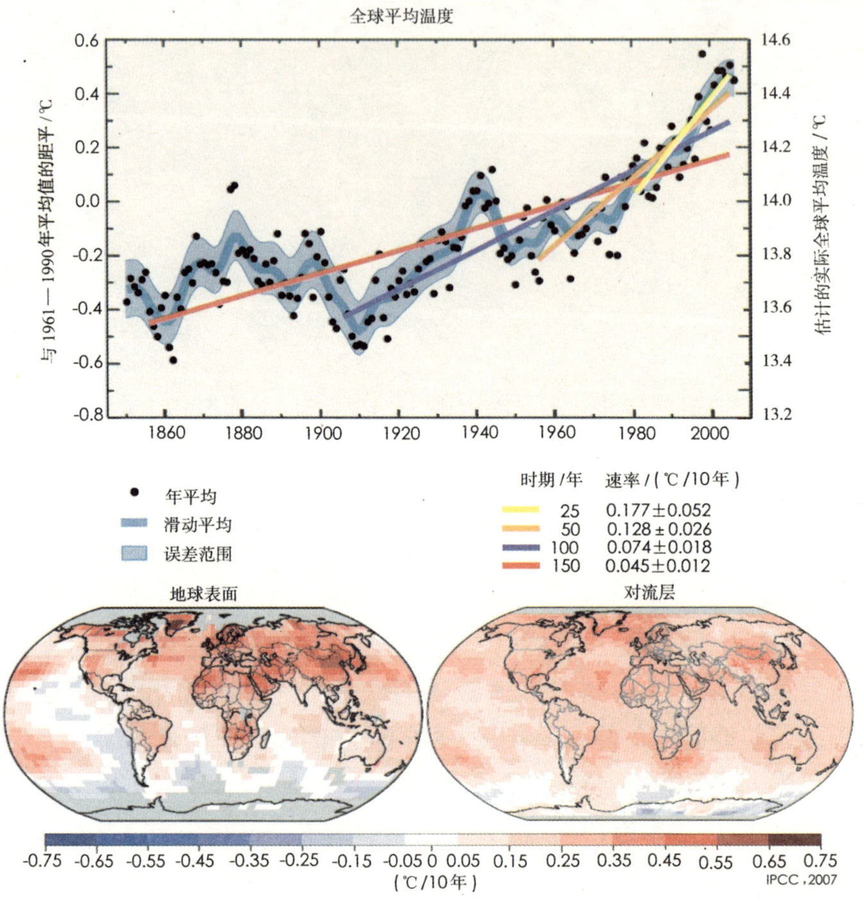

图5.1　（上图）全球年平均温度的观测值（黑点）及其简单的变化趋势。左侧的纵坐标表示相对于1961—1990年平均值的距平，右侧纵坐标表示估计的实际温度（℃）。分别给出了最近25年（1981—2005；黄色）、50年（1956—2005；橙色）、100年（1906—2005；深蓝色）和150年（1856—2005；红色）的变化趋势。注意，时间越短、距现在越近，斜率越大，说明变暖在加速。（下图）根据卫星记录估计的地表面（左图）和对流层（从地表面向上约10千米；右图）1979—2005年全球温度线性趋势分布。灰色区域表示缺少资料。注意，在卫星观测的对流层记录中，增暖在空间上更均一，而地面温度的变化与海陆分布的关系更明显

校验分析方法，但在资料的趋势上仍存在某些不确定性。

对于20世纪50年代以来的全球观测来说，所有可获得的最新资料序列都表明，对流层的增温略大于地表面，而平流层自1979年以来明显变

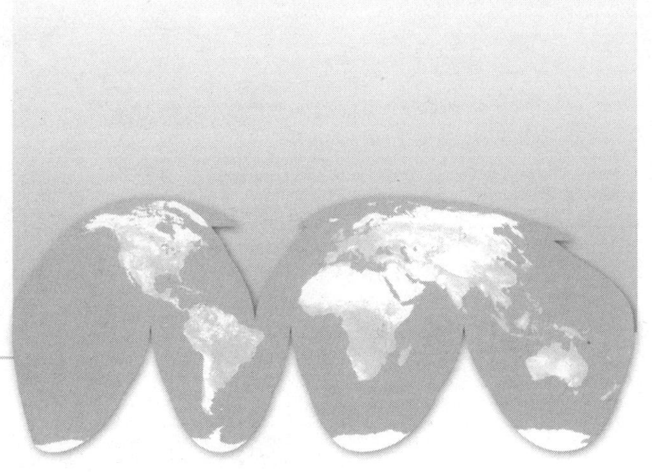

冷，证明了温室气体浓度增加能够使对流层变暖而使平流层变冷，臭氧耗减也对平流层的变冷有重要贡献。

与观测的地表温度上升相一致，河流和湖泊的封冻期变短了。而且，20 世纪冰川的质量和范围几乎在全世界都是减少的；最近格陵兰冰盖的消融已经变得非常明显；北半球许多地区积雪减少；北冰洋海冰的厚度和范围在所有季节里都呈下降趋势，春夏季节尤甚；海平面因海水的热膨胀和陆冰的融化而不断升高。

问题6

降水是如何变化的?

观测表明，降水在数量、强度、频率和类型等方面都在发生着变化。降水的这些方面通常都表现出较大的自然变率，厄尔尼诺以及大气环流型的变化（如北大西洋涛动）对降水都具有重要影响。据观测，有些地方的降雨量在1900—2005年期间具有显著的长期变化趋势：南北美洲东部、欧洲北部，以及亚洲的北部和中部变得更加湿润；而萨赫勒地区、非洲南部、地中海地区和亚洲南部却更为干燥。现在，在北方地区，更多的降水形式是降雨而不是降雪。强降水事件普遍增加，甚至在降水总量呈下降趋势的地方也是如此。这些变化都与全球海洋特别是低纬地区的海洋变暖后引起的大气中水汽的增加有关。此外，某些地区干旱和洪涝的发生频率都有增无减。

降水通常是降雨、降雪以及其他从云中降落的各种形式的冻结水或液态水的总称。降水是间歇性的，当降水发生时，其特征在很大程度上取决于温度和天气形势。后者决定着风及地表蒸发对水汽的供应，以及水汽是如何在风暴中被聚集成云的。水汽凝结时就形成降水，这个过程通常发生在上升气流中，因膨胀冷却而致冷。上升运动来自空气沿山脉的爬升、暖气团在冷气团上方的爬升（暖锋）、冷气团在下部推动暖气团（冷锋）、局地地表加热引起的对流，以及其他天气系统和云系。因此，所有这些方面的任何变化都会改变降水。因为降水分布很不均匀，因此，降水的总趋势用帕尔默干旱指数（the Palmer Drought Severity Index，PDSI）来表征（见图6.1），该指数是一种土壤湿度指标，利用降水量和粗略估计的蒸发量来量度。

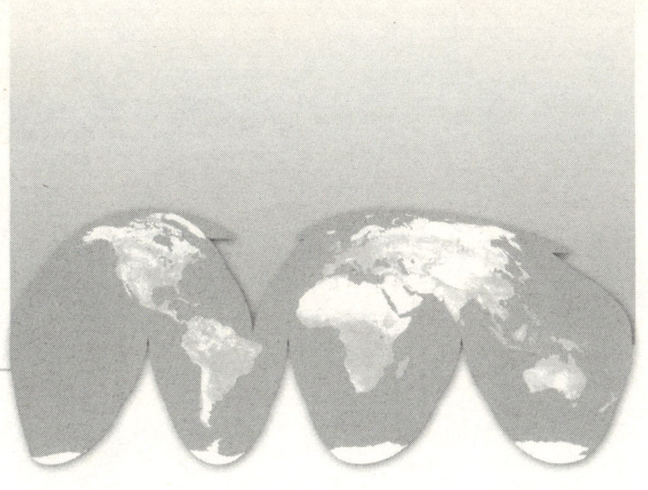

如果地表足够潮湿（因为总可以从海洋和其他潮湿表面获取），那么人类引起的温室效应增强所造成的增暖会导致蒸发增加。因此，地表湿度有效地扮演着“空气调节器”的角色，因为用来蒸发的热量所起的作用是使空气变湿润而不是变暖。观测结果表明，夏季的变化趋势不是暖干就是冷湿。南、北美洲的东部地区更加湿润（图6.1），因此，其增暖幅度比其他地区要小（见问题7中的图7.1）。然而，在北方大陆的冬季，更多的降水与较高的温度相联系，因为在较为温暖的条件下，大气的含水量增加了。不过在降水量通常略有增多的那些地区，温度升高（问题5）又使得干旱度增大，从而冲淡了降水增多的影响，使地表湿度的变化不明显（图6.1）。

随着气候变化的加剧，某些因子可以直接影响降水的总量、强度、频率和类型。变暖使得陆地表面的蒸发加速，增加了严重干旱发生的可能性，全球许多地方已经发生了严重的旱灾（图6.1）。但是，克劳修斯-克拉珀龙方程决定了温度每升高1 ℃，大气中的含水量约增加7%。尽管对相对湿度的观测尚存在一些不确定性，但观测表明，从地表面到对流层顶的相对湿度总体上保持不变，因此，增加的温度可能已经导致了水汽的增加。在整个20世纪，根据海面温度的变化来估计，在海洋上空大气中的水汽增加了约5%。因为降水主要来自大气中贮有水汽的天气系统，所以，这通常就会增加降水的强度和大雨、大雪天气事件的风险。基本理论、气候模式模拟和经验证据都证实了，由于水汽的增加，气候变暖导致更多的强降水事件发生，甚至在总的年降水量有所下降的地方亦是如此，而且在降水总量增加的地方，可望出现更强的降水

事件。因此，气候变暖在不下雨的地方增加了干旱的风险，在下雨的地方又增加了洪涝的风险，只不过是在不同的时间和（或）不同的地点罢了。比如，欧洲在2002年夏季普遍洪涝，而在接下来的2003年又是破纪录的热浪和干旱。旱涝灾害的分布和发生时间受厄尔尼诺事件周期的影响非常明显，特别是在热带地区以及太平洋周边国家的大部分中纬度地区。

在那些因气溶胶污染而使地面接受不到太阳直接照射的地区，蒸发减弱，从而减少了供应大气的水汽总量。由此，与水汽含量增加可能导致强降水的情况类似，降水事件的持续时间和发生频率都有可能减少，因为向大气中补充水汽要花费较长的时间。

局地和区域降水特征的变化在很大程度上还取决于由厄尔尼诺、北大西洋涛动（the North Atlantic Oscillation，NAO；对北大西洋冬季西风强度的一种度量）和其他自然变率的分布决定的大气环流型。据观测，有些环流变化与气候变化有关。风暴路径的相关移动使得有些地区变得更加湿润，而有些地区（经常是相邻区域）变得更加干旱，从而使降水分布的变化更加复杂。比如，在欧洲，20世纪90年代的NAO正相位造成欧洲北部变得更加湿润，而地中海和非洲北部地区更加干旱（见图6.1）。萨赫勒从20世纪60年代后期到80年代后期持续长期干旱（见图6.1），只不过其强度并不像以前那么强；该地区的长期干旱通过大气环流的变化，与太平洋、印度洋和大西洋海盆的热带海面温度型的变化相关。干旱已经遍及非洲的大部分地区，在热带和副热带更为普遍。

随着温度的升高，降水将更多地以降雨而不是降雪的形式出现，特别是在降雪季节开始和结束的秋春两季，以及在那些温度接近冰点的地区。

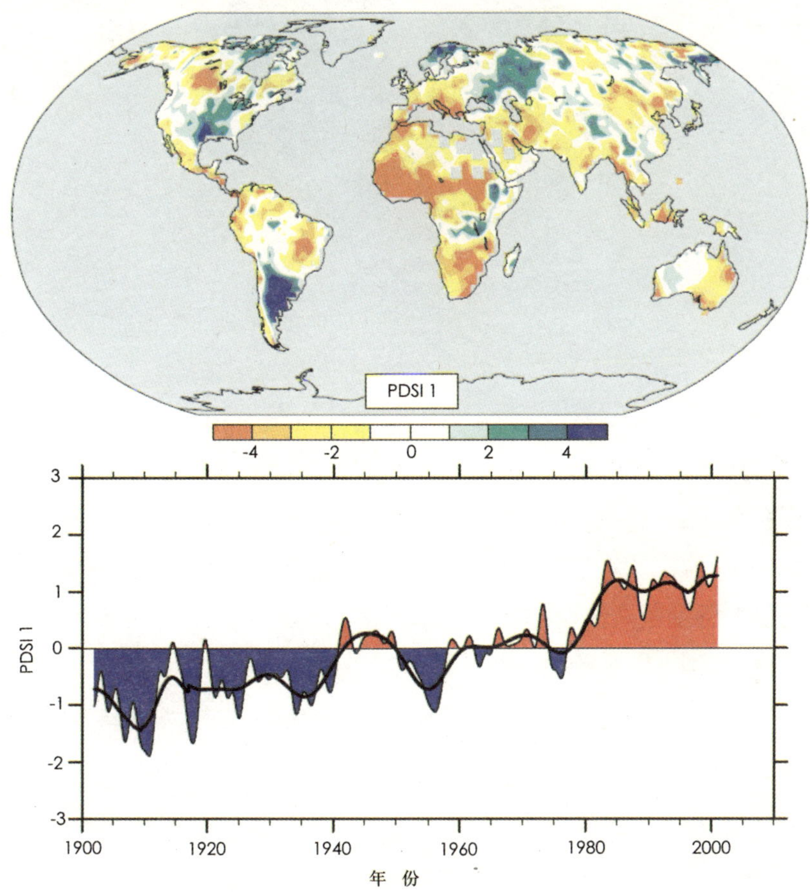

图6.1　1900—2002年月平均帕尔默干旱指数（PDSI）最重要的空间分布图（上图）。PDSI是一个著名的干旱指数，它把以前的降水量和抽吸到大气中的水汽估计量综合考虑到一个水文计算系统中，用来度量出地表水分相对于局地平均状况的累积亏损。下图给出1900年以来PDSI分布的强度和符号是如何变化的。当下图中的数值为正（负）时，红色和橙色区域表示比平均状况更为干燥（湿润），蓝色和绿色区域表示比平均状况更为湿润（干燥）。平滑黑色曲线表示年代际变化。由此图可以看出，非洲变得更加干旱，而南、北美洲东部和欧亚大陆北部则变得湿润了（引自Dai等. 2004. *Int. J. Clim.*, 24:1323—1331）

许多地方都已经观测到了这种变化，即降水增多而积雪减少，特别是在北半球中高纬度的陆地地区，结果造成在水资源需求最强的夏季水资源减少。不过，降水在本质上经常是不均一的而且是间歇的事件，这意味着观测到的降水变化的分布非常复杂。长期观测记录在某种程度上着重于降水分布的逐年变化，甚至包括长期的多年干旱因某年的暴雨而中断；例如受厄尔尼诺的影响就会出现这种情况，例证之一是美国西南部在长达 6 年的干旱以及低于平均厚度的积雪之后，于 2004 — 2005 年出现了一个湿润的冬季。

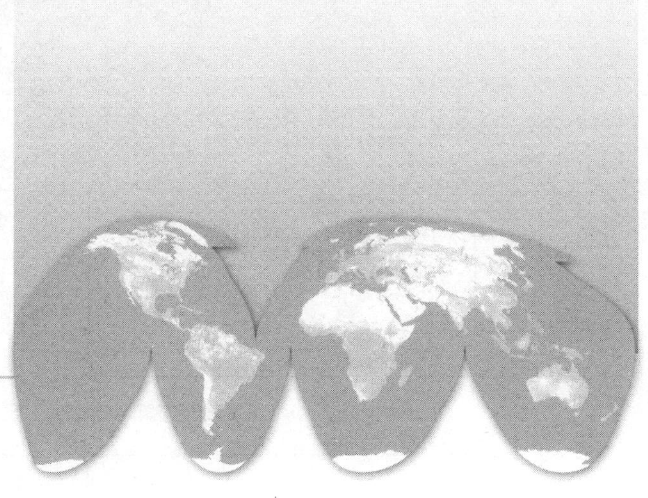

问题7

热浪、干旱、洪涝和飓风等极端事件是否发生了变化？

自1950年以来，热浪和暖夜的发生次数都增加了。随着环境变暖，蒸发增加，陆地上降水减少，使得受干旱影响的范围也在增加。通常，致洪暴雨事件增多，但并不是在所有地方都是如此。热带风暴和飓风的发生频率具有显著的年际变化，但有证据表明，自20世纪70年代以来，热带风暴和飓风的强度和持续时间确实增加了。在温带地区，风暴路径和强度的变化反映了大气环流（如北大西洋涛动）主要特征的变化。

在某些地区，已经发现了各类极端气候事件变化的迹象。

在过去50年中，对于陆地观测样点来说，冷夜的年发生频率显著下降，而暖夜的年发生频率却显著上升（图7.1）。冷昼发生频率的下降和炎热白天发生频率的上升虽然很普遍，但一般并不显著。最低和最高气温的分布不仅与总体变暖一致，移向更高的数值，而且过去50年低温极值的增幅也比高温极值的增幅要高（图7.1）。极端暖事件增多意味着热浪的发生频率增加了。进一步的印证信息来自观测结果，在大部分中纬度地区出现霜日减少的趋势，这与气候平均变暖有关。

极端事件变化的一个突出信号是在过去50年的观测结果中，中纬度地区，甚至在那些平均降水总量并没有增加的地区，强降水事件增多了（另见问题6）。根据记录，极强降水事件也是增加的，但仅有少数地区有

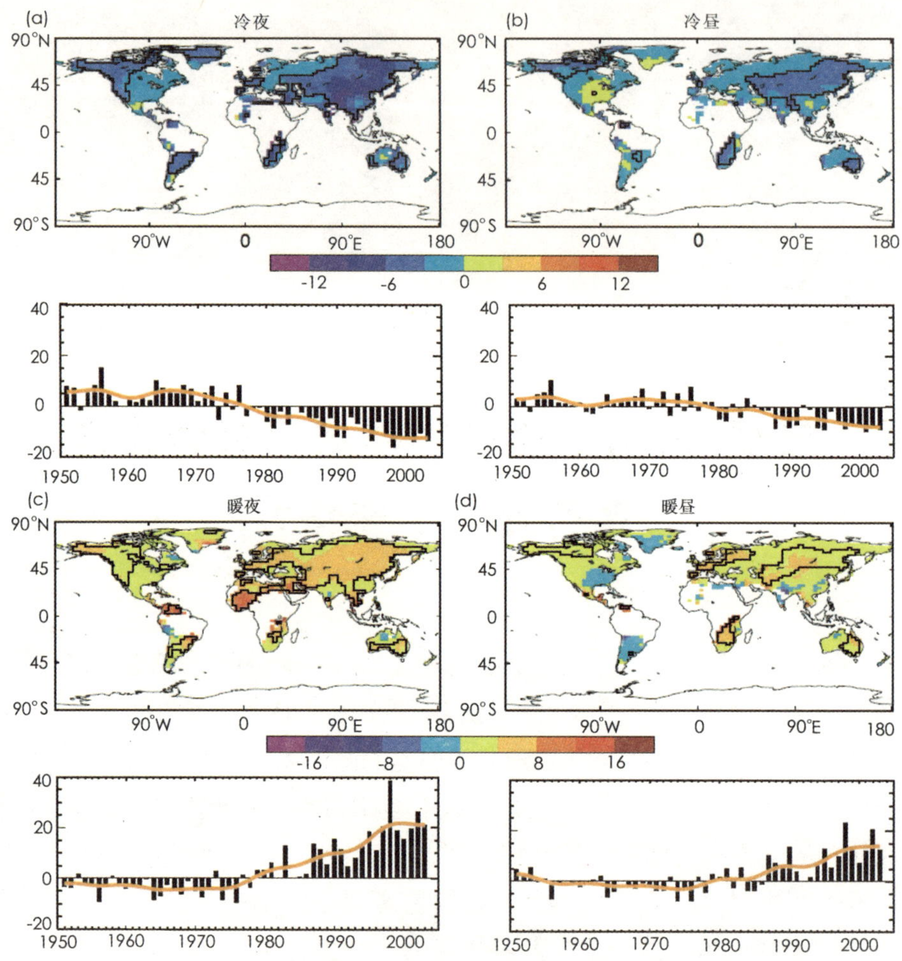

图7.1 1951—2003极端温度发生频率的变化趋势（每10年中的日数；观测值），趋势以1961—1990年的值为基础。(a)冷夜，(b)冷昼；(c)暖夜；(d)暖昼。趋势计算网格要满足两个条件，即在指定时段至少有40年资料且至少有1999年之前的资料。黑线包围的区域其显著性水平为5%。每个地图分布下面的图给出的是距平（相对于1961—1990年的平均值）的全球逐年变化时间序列。橙色线是年代际变化。所有给出的全球指数趋势在5%水平上显著[根据Alexander等2006（*J. Geophys. Res.*, 111：D05109, doi：10.1029/2005JD006290)修改]

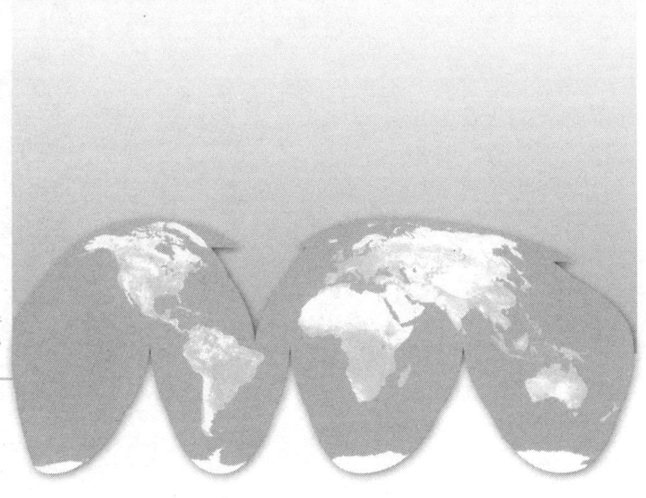

记录。

干旱因其持续时间较长而比较易于度量。尽管有许多干旱指数，但许多研究工作采用月降水总量和温度平均值结合在一起形成的度量指标，叫做帕尔默干旱指数（PDSI）。从计算出的20世纪中叶以来的PDSI可以看出，自20世纪50年代中期以来，北半球许多陆地地区正在大面积变干，影响范围包括欧亚大陆南部、非洲北部、加拿大和美国的阿拉斯加（问题6中的图6.1），而在南、北美洲的东部地区则表现出相反的趋势。在南半球，陆地表面在20世纪70年代是湿润的，而在60年代和90年代是较干的，1974年至1998年存在变干的趋势。欧洲较长的观测记录（整个20世纪）没有表现出明显的趋势。20世纪50年代以来陆地上降水的减少可能是变干的主要原因，过去二三十年中大范围变暖可能也对变干有一定的贡献。一项研究表明，自20世纪70年代以来，全球特别干的土地面积（定义为PDSI低于−3.0的面积）已是原先的2倍多，这与最初与厄尔尼诺-南方涛动（ENSO）有关的降水减少以及后来主要因地表变暖而造成的降水增加有关。

较大的自然变率掩盖了热带风暴和飓风发生频率和强度的变化。ENSO极大地影响着全球热带风暴的发生地点和活动路径。据估计，自20世纪70年代中期以来，全球飓风的潜在破坏性呈显著上升趋势，而且飓风的活动期更长、强度更大，飓风的活动与热带海面温度密切相关。这些关系可以从以下事实得到进一步印证：自1970年以来，甚至在大部分海域气旋总数和气旋日数都略微下降的情况下，全球强飓风的数量和所占比例仍有很大增长，特别是四级和五级飓风（美国飓风分级）的数量

1970 年以来增加了约 75%。在北太平洋、印度洋和西南太平洋上增长最多。不过，北大西洋的飓风数量在最近 11 年中也有 9 年多于平均值，2005 年达到最高，超过历史同期的所有纪录。

根据地表面和对流层高层的大量观测，20 世纪后半叶北半球冬季风暴路径的活动似乎有向极地移动的倾向，而且数量也在增长。这些变化在一定程度上与北大西洋涛动有关。1979 年至 20 世纪 90 年代中期的观测表明，在整个对流层和平流层低层，12 月至次年 2 月，大气的绕极西风环流有增强的趋势，而且急流和增加的风暴路径活动有向极移动趋势。对于小尺度强天气现象（如龙卷风、冰雹和雷暴）的变化，观测信息大多是局地性的，过于分散，难以形成普遍性结论。但是，随着公众防灾减灾意识的提高以及人们付出了很大努力来收集这些现象的观测报告，证实了它们的发生频次在许多地方都有所增加。

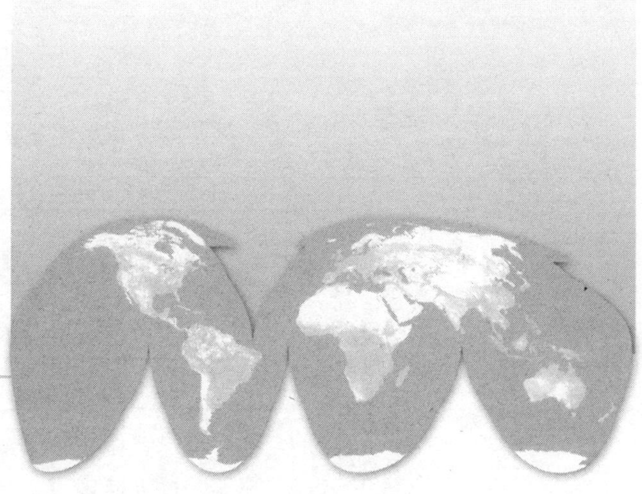

问题 8

地球上的冰雪总量是否正在减少？

是的。观测表明，许多年以来，特别是1980年以来，冰和雪呈现全球性的减少，虽然过去10年有所增加，但这是局地性的，其他地区没什么变化（图8.1）。大多数山地冰川正在变小。积雪在春季提前退缩。北冰洋海冰在所有季节里都在缩小，在夏季尤甚。据报道，多年冻土、季节性冻土、河冰和湖冰都在减少。格陵兰及西南极洲冰盖的重要海岸带地区，以及南极半岛的冰川都正在变薄，并促成海平面上升。据估计，在1993—2003年间，冰川、冰帽和冰盖的消融对海平面上升的总体贡献为1.2±0.4毫米/年。

连续的卫星观测记录了地球陆地上的大部分季节性积雪，表明北半球积雪自1966年以来尽管在秋季和初冬季节没多大变化，但在春季每10年减少约2%。在许多地区的春季，尽管降水是增加的，但积雪减少已成事实。

卫星资料目前还不能对河流和湖泊的冰况以及季节性冻土或多年冻土进行类似的可靠观测。但是，根据众多已经发布的局地和区域报告，多年冻土正在变暖，其夏季解冻层的厚度有所增加；在季节性冻结地区，冬季冻结深度变浅；多年冻土的地域范围缩小；季节性河冰和湖冰的留存时间变短。

自1978年以来，南北两极地区的海冰范围已有了连续的卫星观测资料。在北冰洋，平均年海冰范围每10年减少2.7%±0.6%，而夏季海冰范围每10年减少7.4%±2.4%。南极海冰范围没有表现出明显的变化趋势。

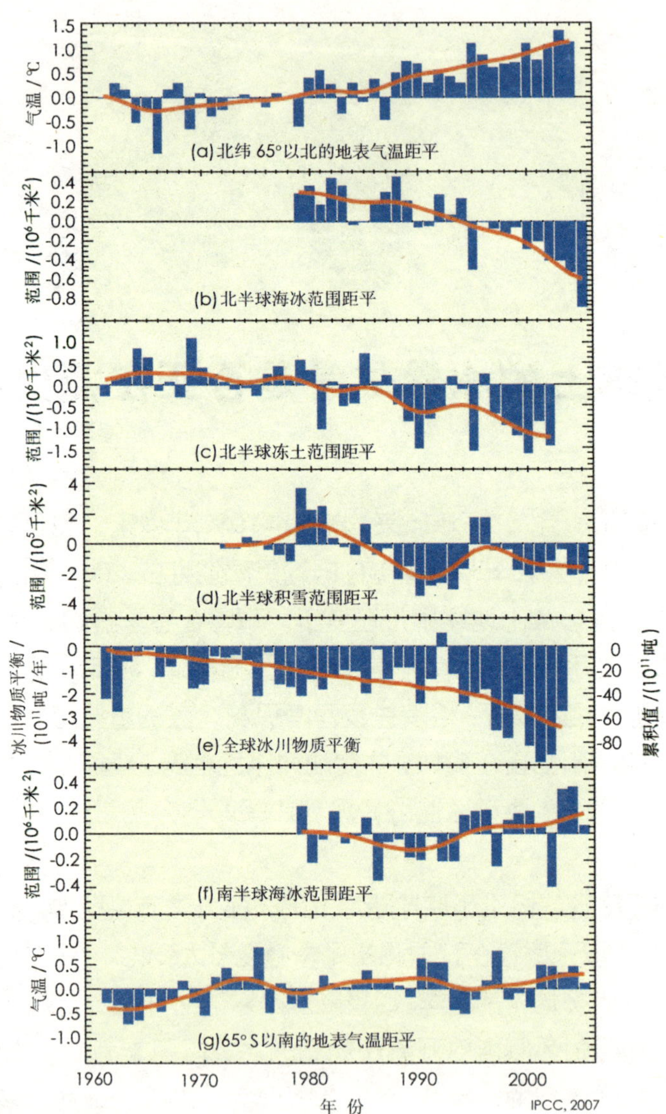

图8.1　一些气候特征量距平（与长期平均值的偏差）的时间序列：它们分别是极地地表气温（a，g）、北冰洋和南极海冰范围（b，f）、北半球冻土范围（c）、北半球积雪范围（d）和全球冰川物质平衡（e）。图e中的红色实线表示累积的全球冰川物质平衡；其他小图中的红色实线表示年代际变化

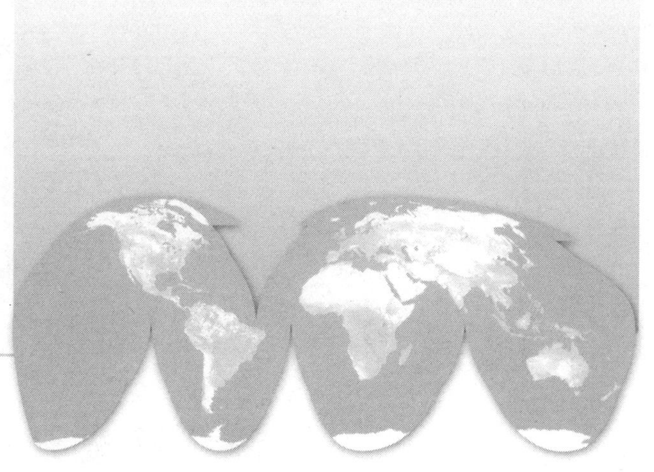

海冰的厚度资料，特别是水下部分的厚度资料也是可以获取的，但局限在北冰洋中部地区，那里的海冰厚度在1958—1977年和20世纪90年代之间变薄了约40%。不过，这个估计对整个北冰洋地区似乎是过高了。

大多数山地冰川和冰帽已经退缩，退缩大约始于1850年。尽管许多北半球冰川在1970年前后有几年是近乎平衡的，但随后而来的便是加速退缩。1991—2004年间，冰川和冰帽的融化对海平面上升的贡献为0.77±0.22毫米/年。

总体来看，格陵兰冰盖和南极冰盖很有可能正在退缩，在1993—2003年期间，格陵兰冰盖和南极冰盖对海平面上升的贡献分别约为0.2±0.1毫米/年和0.2±0.35毫米/年。有证据表明，2005年冰川的物质损失呈加速态势。格陵兰冰盖和东南极冰盖在高纬度寒冷地区的厚度增长（可能来自降雪增多），已经被格陵兰和西南极海岸带地区冰盖的变薄所抵消，冰盖变薄缘于冰盖物质流出增加以及格陵兰冰盖表面融化增加。

冰与其周围环境发生着复杂的相互作用，因此，特定变化的原因并不总是很清楚。但不可避免的是，当局地温度高于冰点时，冰就会融化。尽管在许多情况下降雪是增加的，但积雪和山地冰川的确减少了，说明空气温度升高了。类似地，尽管积雪的变化影响了冻土、河冰和湖冰，但这并不足以解释观测到的变化，说明局地气温的升高已经变得非常重要。用历史环流和温度变化驱动的模式可以相当好地模拟已经观测到的北极海冰的减少。在一些很冷的中部地区观测到的冰盖上降雪增加、在海岸带区域冰盖的表面融化，以及在许多海岸沿线水下冰架的融化都与变暖是一致的。这些冰和雪的变化在地理上分布非常广泛，这一特征表明，地球变暖是造成地球上冰物质总体减少的原因。

问题 9

海平面在升高吗？

是的，强有力的证据表明，全球海平面在公元元年到公元1900年几乎没有什么变化，之后在20世纪逐渐升高，且当前升高的速率加快了。据预估，海平面在本世纪将以更高的速率升高。全球海平面升高的两个主要原因是海水的热膨胀（温度升高时水体膨胀）和陆地冰体因融化加快而造成的冰物质损失。

全球海平面在末次冰期（约21000年前）结束后的数千年时间里升高了约120米，在两三千年前稳定下来。海平面指标显示，全球海平面自那时起到19世纪晚期没有什么明显的变化。现代海平面变化的器测记录表明，海平面在19世纪期间开始升高。据估算，20世纪全球平均的海平面升高速率约为1.7毫米／年。

自20世纪90年代初期以来的卫星观测给出了更细致的近乎全球范围的海平面资料。十年长度的卫星高度计资料序列表明，自1993年以来，海平面正在以3毫米／年的速率升高，大大高于上半个世纪的平均值。海岸测潮仪观测证实了卫星观测结果，表明在之前数十年中有相似的速率。

与气候模式结果一致，卫星资料和水文观测显示，海平面在全球并不是均匀升高的。在有些海区，升高速率高达全球平均升高速率的几倍，而有些海区的海平面则在下降。根据水文观测也可以看出海平面上升速率的巨大空间变化。海平面升高速率的空间变率主要是缘于温度及盐度变化的不均一性，并与洋流的变化有关。

近年来获得的近乎全球的海温资料序列使科学家可以计算海洋的热膨胀。可以认为，在1961—2003年期间，平均而言，热膨胀对观测到的

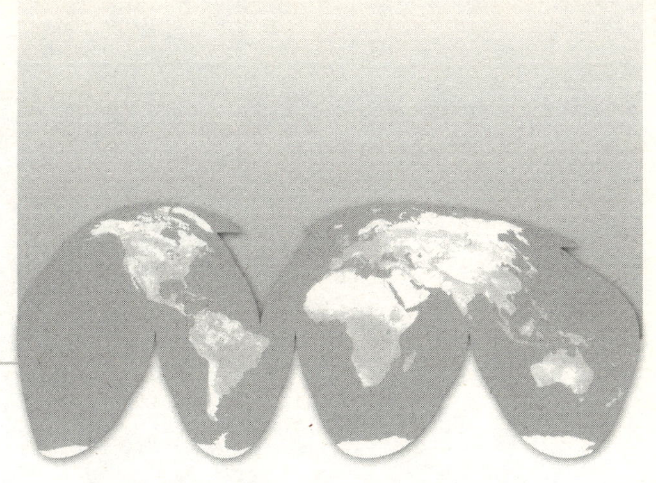

海平面升高的贡献约占四分之一，而陆冰融化的贡献不超过一半。因此，这些资料序列并不能令人满意地解释在这个时期观测到的海平面升高的总量，正如政府间气候变化专门委员会（IPCC）在第三次评估报告中所指出的那样。

近年来（1993—2003年），观测系统建设得更加完备，结果显示，热膨胀和陆冰融化各占观测到的海平面升高的一半左右，尽管评估还具有某种程度的不确定性。

近年来，观测的海平面升高速率和热膨胀及陆冰损失的总和是一致的，这表明陆地水资源贮存量的变化是有上限的，但目前人们对其还知之甚少。模式结果表明，气候变化对陆地水资源贮存量没有什么净的变化趋势，但存在很大的年际和年代际波动。不过，对1993—2003年期间观测到的海平面升高和已知各种贡献总和之间确存在着小偏差，出现了不一致，究其原因，有可能缘于我们对人类活动引起的过程难以定量化（如抽取地下水、水库蓄水、湿地排水和毁林）。

据估计，全球海平面在21世纪的升高速率将超过1961—2003年的值。例如，根据《IPCC排放情景专题报告》（the IPCC Special Report on Emission Scenarios，SRES）中的A1B情景，在21世纪90年代中期之前，全球海平面将在1990年的水平上升高0.22～0.44米，升高速率约为4毫米/年。如前所述，未来的海平面变化在地理分布上是不均一的，区域海平面变化将在预估的典型平均值上有约±0.15米的浮动。据预估，热膨胀对平均升高的贡献将超过一半，但随着时间的推移，陆冰损失的速率将显著加快。冰是否会像近些年来所观测到的那样，继续从冰盖上流泄掉形成冰流尚具有很大的不确定性。这有可能会增

加海平面升高的程度，但定量预估将会增加多少，目前尚不确定，因为我们对有关的物理过程认识得还很有限。

图9.1是过去的以及根据SRES A1B情景预估的21世纪的全球平均海平面演变。

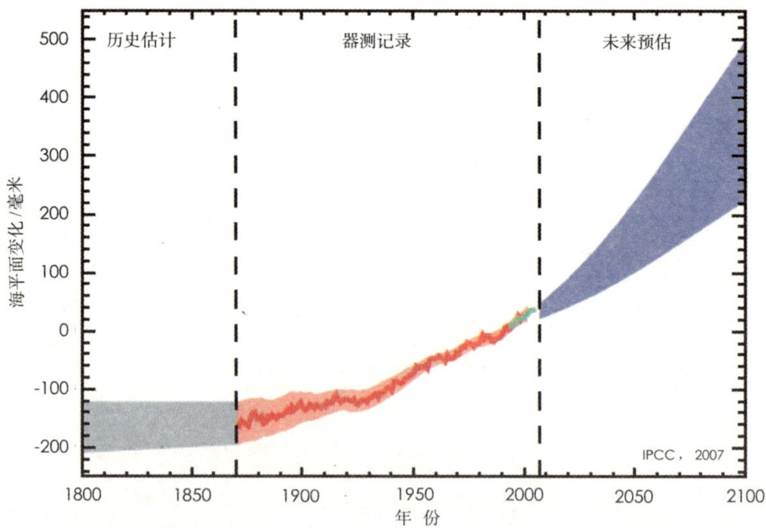

图9.1　过去的以及根据SRES A1B情景预估的21世纪的全球平均海平面（与1980—1999平均值的偏差）时间序列。1870年以前，没有全球海平面观测值。灰色阴影区表示估计的海平面长期变化速率存在不确定性。红线是根据检潮仪观测重建的全球平均海平面，红色阴影区表示平滑曲线变化的范围。绿线表示根据卫星高度计观测的全球平均海平面。蓝色阴影区表示模式根据SRES A1B情景预估的21世纪变化范围（与1980—1999年的平均值相比），而且已经根据观测进行了独立计算。2100年以后，预估结果与排放情景的关系更为紧密。在数百年到数千年的时间尺度上，海平面可能会升高数米

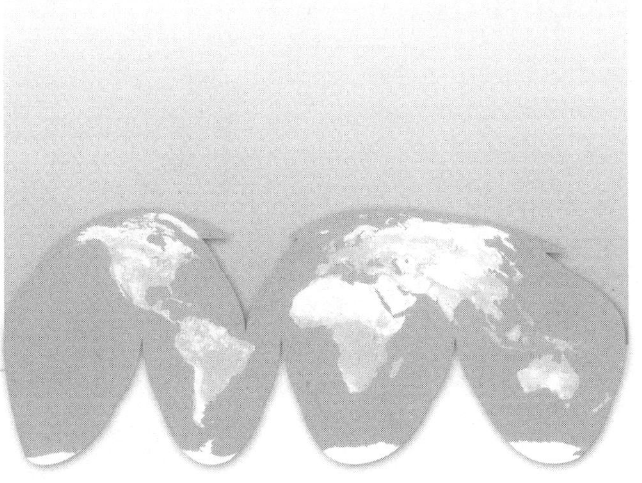

问题10

在工业化时代到来之前是什么原因引起冰期的到来和其他重要的气候变化?

地球上的气候在所有时间尺度上都发生了变化，包括在人类活动能够对气候起某种作用之前的很长时期内。人类在认识这些气候变化的原因和机制方面已经取得了巨大的进步。地球辐射平衡的变化是过去气候变化的主要驱动力，但是变化的原因却各不相同。对于每一种情形，它可能是冰期、恐龙时代的变暖或者过去1000年的气候波动，具体的原因必须分别具体确定。在许多情形下，现在都可以很有把握地做到这一点，利用定量分析的模式可以重建许多过去的气候变化。

全球气候是由地球的辐射平衡来确定的（见问题1）。改变辐射平衡并由此改变气候有三种基本途径:（1）改变入射的太阳辐射（如可以改变地球的轨道或者改变太阳本身），（2）改变反射的太阳辐射（这一部分叫做反照率，它是可以改变的，如通过云量、气溶胶粒子或土地覆盖的变化），以及（3）改变发射回太空的长波辐射（如通过温室气体浓度的变化）。此外，局地气候还取决于风和洋流是如何分配热量的。所有这些因子都在过去的气候变化中起着重要作用。

过去300万年中冰期以一定的周期循环往复，强有力的证据表明，冰期的这些变化与所谓的米兰科维奇循环（即地球绕日轨道发生的有规

律的变化）相联系（图 10.1）。这些循环改变了在各个纬度和不同季节所接收到的太阳辐射量，但几乎影响不到全球年平均太阳辐射，它们可以以天文精度准确地计算出来。关于冰期的开始和结束有多准确至今仍有一些讨论，但许多研究表明，北半球大陆夏季的日照量至关重要——如果低于某关键值，上年冬季的雪在夏季没有融化掉，冰期就要开始了，因为会积聚越来越多的雪。气候模式的模拟证实，冰期的确是以这种方式开始的，而简单概念模型已经根据轨道的变化成功地“回算”出了过去冰期的开始。与过去的冰期类似，北半球夏季日辐射量的下一次大量减少，预计在3万年之后。

图10.1　驱动冰期循环的地球轨道变化（米兰科维奇循环）示意图。“*T*”表示地轴倾角的变化（缘于椭圆短轴的变化），“*P*”表示岁差，即在轨道的指定地点地轴倾斜方向的变化（引自Rahmstorf等.2006.*Der Klimawandel*. Beck Verlag,Munich）

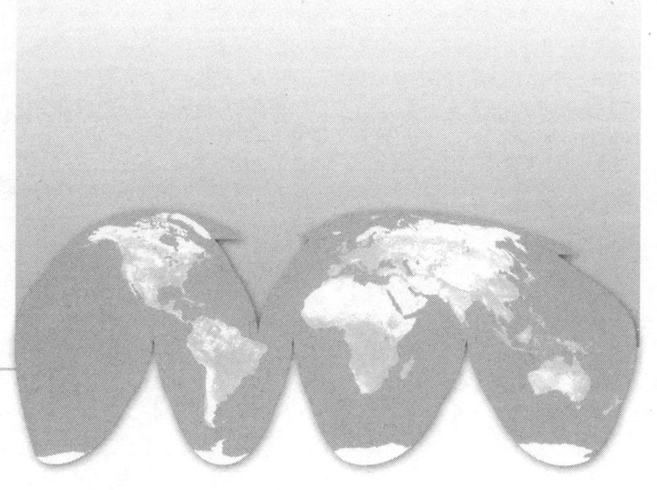

尽管大气中的二氧化碳（CO_2）并不是导致冰期变化的主要原因，但它们在冰期也起着重要作用。南极冰芯资料显示，CO_2浓度在寒冷的冰期里较低（约190 ppm），而在温暖的间冰期较高（约280 ppm）；在南极洲，大气CO_2浓度随着温度变化而变化，时间大约滞后几百年。因为冰期开始和结束时的气候变化要花上几千年的时间，所以它们绝大多数受CO_2正反馈的影响；也就是说，初始时候由于米兰科维奇循环的很小的变冷随后就随着CO_2浓度的下降而被放大了。模式对冰期气候的模拟，只有在考虑CO_2作用的情况下才能给出与实际相符的结果。

在末次冰期期间，发生了20多次突然而显著的气候漂移，这些漂移在北大西洋附近的气候记录上特别明显。这些漂移与冰期—间冰期循环不同，具体表现在它们可能不涉及全球平均温度的较大变化：格陵兰和南极的变化是不同步的，南大西洋和北大西洋的变化方向是相反的。这意味着要引起这些漂移不需要全球辐射平衡发生大的变化；而只需在气候系统中将热量重新分配可能就足够了。的确有证据表明，洋流和热量传输的变化能够解释这些突然事件的许多特征；沉积物资料和模式的模拟结果表明，这些变化中有一些可能是由那时大西洋周围的冰盖不稳定而触发的，随之有大量淡水流人海洋。

在气候历史上也有过暖得多的时代——在过去5亿年中的大部分时间里，地球可能完全没有冰盖（地质学工作者可以根据冰留在岩石上的标记来解释），与现在不同（现在格陵兰和南极被冰覆盖着）。100万年前的温室气体浓度资料目前还具有相当的不确定性，它超出了目前所能获取的南极冰芯的范围，但对地质采样的分析表明，温暖的无冰时代与大气CO_2的高浓

度在时间上是一致的。在百万年时间尺度上，CO_2浓度由于地壳构造的活动而发生变化，构造活动影响着海洋、大气和固体地球之间的CO_2交换速率。

过去气候变化的另一个可能原因是太阳输出能量的变化。近几十年的观测表明，太阳的输出能量以11年的周期发生着轻微的变化（变化幅度接近0.1%）。太阳黑子观测（回溯至17世纪）以及宇宙线产生的同位素资料，都给出了太阳活动长期变化的证据。资料的相关分析和模式模拟表明，太阳变率和火山活动很有可能是过去1000年中在工业化时代开始之前气候变化的主要原因。

这些例子说明，在历史上，不同时期的气候变化有其不同的原因。是自然因子引起了以前的气候变化，这是事实，但这个事实并不意味着当前的气候变化也是自然因子造成的。做个类比，森林火灾长期以来是由于闪电等自然原因引起，但这并不意味着某位粗心的露营者就不可能引发森林火灾。问题4论述了人类活动的影响及其与自然因子相比对当前气候变化的贡献。

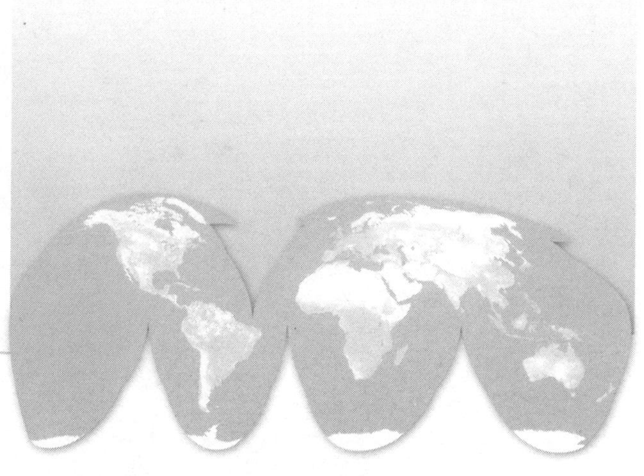

问题11

与地球历史上的早期变化相比，当前的气候变化是异常的吗？

在整个地球历史上，气候在所有时间尺度上都发生着变化。就当前气候变化来说，有些方面并不是异常的，但有些方面则的确是。大气中的CO_2浓度已经超过了过去50万年的最高记录，而且是以异常快的速率达到如此高的浓度。当前的全球温度比过去至少500年的记录都要高，甚至有可能超过过去1000年的温度。如果地球持续变暖，那么本世纪内的气候变化有可能在地质历史上都是极端异常的。当前气候变化的另一个异常的方面是它的成因：过去的气候变化是自然原因造成的（见问题10），而过去50年来的变暖却大部分归因于人类活动。

把当前的气候变化与以前由自然原因引起的气候变化相比较时，必须弄清楚三点。第一，必须弄清楚要比较的是哪个变量——是温室气体浓度还是温度（或者是其他什么气候参数），以及是其绝对值还是其变化速率？第二，一定不能把局地变化与全球变化混淆起来。局地气候变化通常远大于全球气候变化，因为局地因子（如海洋环流或大气环流的变化）可以改变热量和水汽从一个地方到另一个地方的传输以及局地反馈作用（如海冰反馈）。而相反，全球平均温度的较大变化则要求有某种全球的强迫（如温室气体浓度或太阳活动的变化）。第三，必须区分时间尺度。与百年尺度的气候变化相比，上百万年的气候变化可以大得多，而且其原因也不同（如大陆漂移）。

当前气候变化的主要原因是大气中二氧化碳（CO_2）以及其他一些温室气体浓度的升高，这与第四纪（大约过去200万年至今）的情况有很大不同。现在可以从南极冰芯中精确地知道过去65万年CO_2的浓度。在此期间，CO_2浓度从寒冷的冰期时代较低的180 ppm变化到温暖的间冰期期间较高的300 ppm。然而在过去的100年中，CO_2浓度快速增长，远远超过了这个范围，现在已达379 ppm。相比之下，在末次冰期结束时的CO_2浓度花了5000多年时间上升了大约80 ppm。

重建温度资料序列比重建CO_2（在全球混和得很均匀的气体）浓度序列更困难，因为在全球不同地点上，温度资料的值是各不相同的，所以一个记录（如冰芯资料）只是一个有限的值。局地温度的波动，甚至几十年的波动就有可能达到几度（℃），比过去100年全球增暖的信号大约0.7℃要大得多。

对全球变化来说，分析大尺度（全球的或半球的）平均值更有意义，在这些资料中，大部分局地变化被剔除掉了，变率要小得多。器测记录直到大约150年前覆盖的范围才较为充分。更早以前，汇编的代用资料（如树木年轮、冰芯等）可以回溯到1000多年前，但时间距今越久远，资料覆盖的空间范围越小。尽管那些重建的资料序列存在许多差别，而且还有许多明显的不确定性，但所有已发表的重建资料序列都显示出，中世纪时地球是较温暖的，17世纪、18世纪和19世纪变冷，温度较低，之后地球迅速回暖。中世纪的温暖程度尚不能断定，但有可能20世纪中叶已经达到了那时的水平，而且从这时开始可能更暖了。这些结论与模式模拟的结果也是一致的。距今2000年之前的温度变化

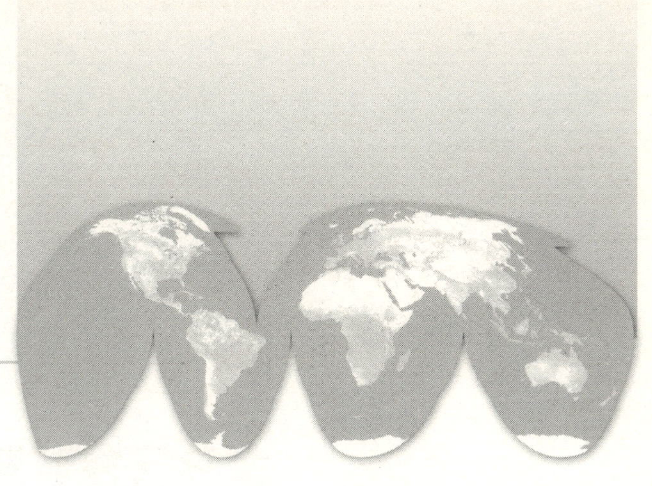

尚没有系统编辑成大尺度平均资料，但它们没有提供出证据表明全新世（过去11600年至今）的全球年平均温度比当前更暖。有强信号显示，直到大约300万年以前，地球上的气候都是较为温暖的，与此同时，地球上的冰盖大大减少，海平面也较高。因此，当前的变暖在过去几千年的背景下来看似乎不同寻常，但从地质构造活动（它可以驱动温室气体浓度发生自然的、缓慢的变化）的更长时间尺度来看，所有变化又是相对的，当前的变暖也不再是异常的了。

问题的不同之处是当前变暖的速率。在代用资料中有没有记录到更快的全球气候变化呢？过去100万年中最大的气候变化是冰期循环，其间全球平均温度在冰期的和间冰期之间的变化幅度为4～7 ℃（局地变化要大得多，例如在大陆冰盖附近的变化）。不过，资料表明，冰期结束时的全球变暖是一个缓变过程，历时大约5000年。因此很明显，当前的全球气候变化速率要快得多，与过去的变化完全不同。

按照时间再向前溯，超出了冰芯资料的时间范围，沉积物芯和其他档案的时间分辨率太低了，无法证明是否存在像当前的变暖这样快速的变化。因此，尽管过去发生了很明显的气候变化，但并没有证据表明，那些变化的速率比现在的变暖更快。如果本世纪将升温约4 ℃，那么地球将经历其在末次冰期结束时所经历的同样的全球平均变暖幅度；还没有证据表明，过去5000万年中任何变化相当的全球温度升高能够达到未来全球变化的可能速率。

问题12

全球气候演变中，自然因素的作用究竟有多大？

这个问题要从全球气候变化自然原因的几个方面来分析。

全球气候是否会向冰期（变冷）演变？

根据米兰科维奇（Milankovitch）循环理论，近几百万年由于地球轨道参数的变化（进动，地轴倾斜和地球轨道椭圆性变化），气候具有周期为10万年左右的冰期－间冰期循环。这种自然的轨道强迫可在几千年时间尺度上影响关键的气候系统（如全球季风、全球海洋环流、大气的温室气体浓度等），我们目前处于末次间冰期，但其向冰期演变的冷却趋势不会减缓现代的全球变暖。至少在3万年之内地球不会自然地进入下一个冰河期（参见问题10中的图10.1）。

从格陵兰冰芯记录的过去10万年的温度变化（图12.1）可以清楚地看出，从过去1.2万年开始到现在地球处于温暖的间冰期。更长期的地球温度变化（过去40万年至今）与大气中CO_2和甲烷（CH_4）的浓度有非常一致的对应关系（图12.2）。在冰期，CO_2和CH_4的浓度较低，而在温暖的间冰期，CO_2和CH_4在大气中的浓度都较高，而在近200年以来，更是急速攀升，2004年的浓度值分别达到377 ppm和1755 ppb。

过去30年全球迅速变暖，当前的地球温度正在接近全新世（近1万多年）温度的峰值，但还没有越过气候变化的临界点或阈值，越过这个值，地球气候将是不可逆的，并将带来灾难性的后果。有些科学家计算，地球温度只要再增加1 ℃，就将达到近100万年以来的最高值。如果各国政府

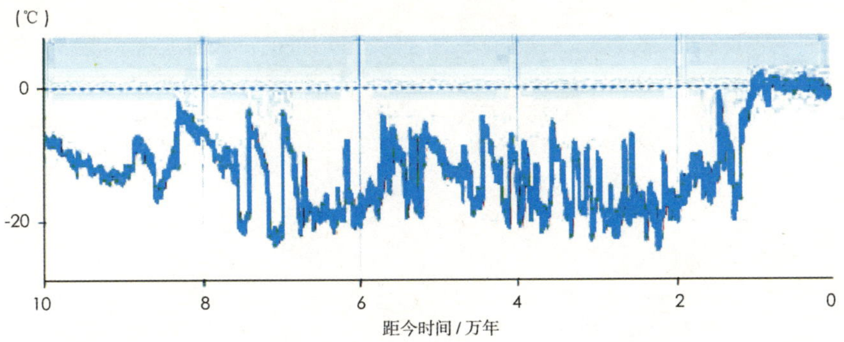

图 12.1　格陵兰冰芯记录的过去 10 万年的温度变化

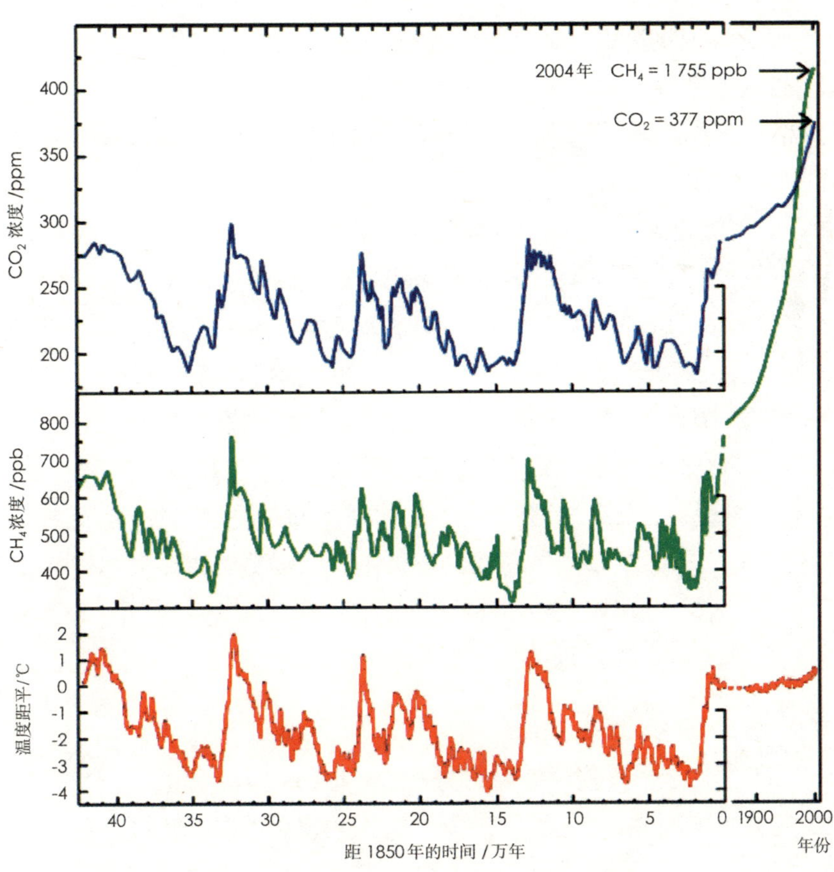

图 12.2　CO_2 和 CH_4 的浓度以及全球温度随时间的变化（以 1880—1899 年平均值为参考值；引自 Hansen．2005．*Climate Change*，68：269）

对人类的温室气体排放不加限制（每10年增加约2%），本世纪将可能增加2~3 ℃。这意味着地球的气候和环境将发生重大的变化，包括：

(1) 北极冰区将不复存在（包括野生生物和土著居民）；

(2) 格陵兰和西南极的冰盖将逐渐融化、解体，最后将导致东南极部分冰盖的融化，使海平面上升可能达到25 m的量级。

所以，人类应采取一切行动避免温度上升2～3 ℃，尽可能使未来增温幅度控制在1 ℃以下，但这要使全球的温室气体排放减至目前排放水平的60%左右，而《京都议定书》规定2012年前发达国家的减排在5%左右。为此，本世纪头25年全球要采取一致行动，提高能效，减少非CO_2气候强迫，采取先进能源技术，营造一个干净的大气和稳定的气候。

1880—2003年的总的辐射强迫是1.85瓦／米^2，其中1.00瓦／米^{2}用于近百年的增暖，尚有0.85瓦／米^{2}的辐射强迫未显示出作用，因此，未来还有约0.6 ℃的增温有可能蓄势待发。由于气候系统对辐射强迫的响应具有滞后性，所以，人类需要采取预防行动，以避免气候达到使人类受到威胁的危险水平（包括海平面的加速上升）。

太阳活动的变化

总太阳辐射（太阳辐照度）至今只有28年的连续直接观测（图12.3和12.4）。观测结果表明，太阳辐射具有确定的11年周期变化，其辐射量从最小到最大的周期循环变化率只有0.08%，并且没有显著的长期趋势，工业化前后并无太大的变化，辐射量变化的主要原因是太阳黑子和耀斑的变化。计算的太阳输出（自1750年始）造成的直接辐射强迫是0.12瓦／米^2。这个值虽然是正值，但比温室气体的辐射强迫要小得多（2.3瓦／米^2），所以

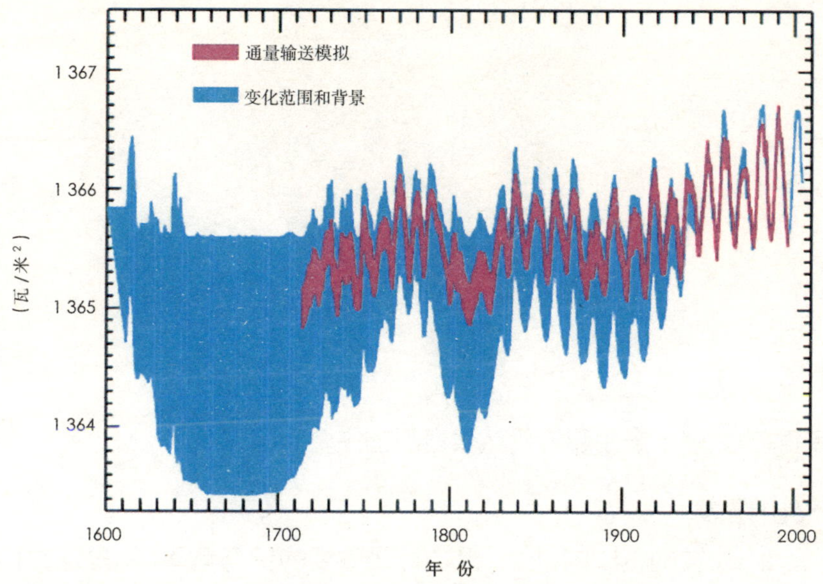

图 12.3　总太阳辐射（太阳常数）的变化

（紫色曲线取自 Wang 等.2005. *Astrophys. J.*, 625:522-538；蓝色曲线取自 Lean.2000. *Geophys.Res.Lett.*, 27:2425-2428）

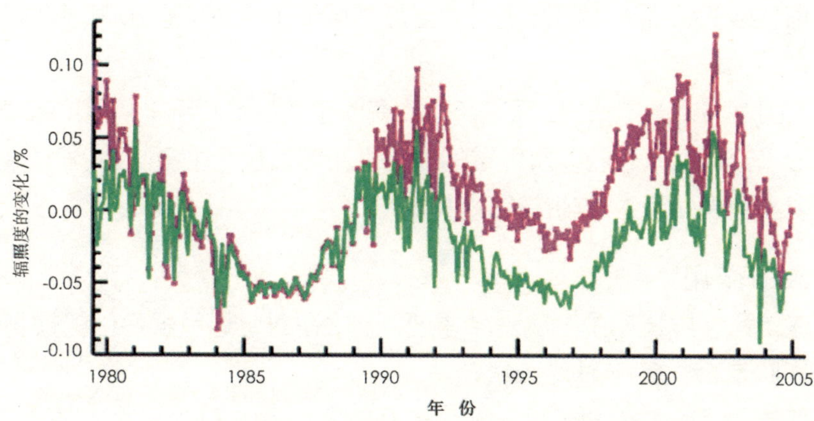

图 12.4　最近 28 年太阳辐照度的相对变化

（紫色曲线取自 Willson 等.2003. *Geophys.Res.Lett.*, 30(5):3-6. 绿色曲线取自 Frohlich 等.2004. *Astron.Astrophys.Res.*, 12:273-320.）

太阳辐射的变化不是引起近代气候变暖的主要原因。

火山爆发

在火山喷发的气体中，H_2O和CO_2是重要的温室气体，但是这两种气体在大气中的浓度已很高，并且有明显的汇（如海洋），所以一次火山爆发，即使规模很大，其温室效应的影响也可忽略不计，不会明显地增强全球的温室效应，这与几亿年前的情况是不同的。因而火山爆发的主要作用是大大增加平流层硫酸盐气溶胶的浓度。一次喷发可使全球平均气候冷却数年，但它对平流层和地面／对流层辐射能量收支的扰动是间歇性的，如果有连续的强烈火山喷发则可对全球气候变化产生明显影响，但现在并不存在。

火山爆发主要是通过喷发的SO_2（有时也有H_2S）与OH^{-1}和H_2O发生反应形成硫酸盐气溶胶以及大量的火山灰而对气候产生影响，它们能强烈地反射太阳光而产生冷却作用（图 12.5）。

云的作用

这是科学界长期争论的一个重要问题，在对全球气候变化的预测中，云的影响是最大的不确定因素之一。

首先，云反射一部分太阳光，具有降温作用；同时又吸收地表及云下大气发射的长波辐射，具有温室效应，使大气温度升高。因而具有两种相反的作用。

第二，云的这两种作用中哪一种作用占优势取决于云高和光学厚度

——深厚的对流云（如在热带）：两种作用相互抵消，云的净辐射强迫

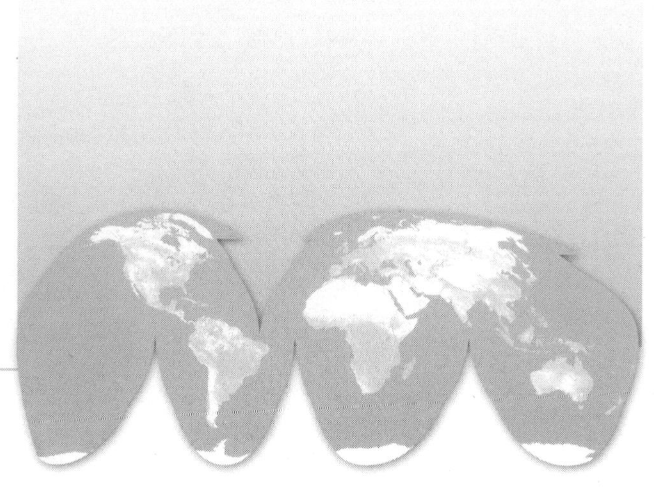

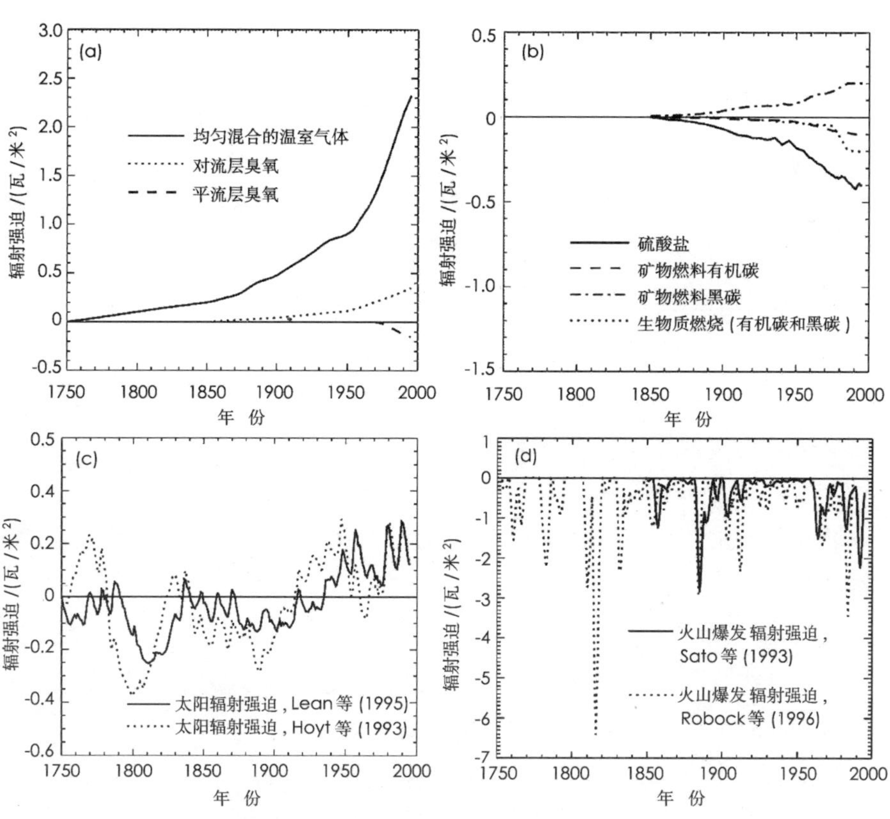

图12.5 温室气体 (a)、大气气溶胶 (b)、太阳辐射 (c) 和火山 (d) 的辐射强迫趋势

作用很小。

——边界层顶反射性强的云层：反照率很大，净的辐射强迫为负值（冷却）；由于气候变暖低云区扩大，对全球平均温度将产生负反馈，减少增温。但如果气候变冷，低云区缩小，将产生正反馈。

——层云和层状云：出现在下沉区，一般位于其下的海面和边界层的温度偏低，但其面积变化与全球变暖的关系还不清楚。

——高层薄卷云区：增暖大气，因为其对向下的太阳辐射的吸收和散射都很小，而对向上的长波辐射的吸收和散射很大。

根据目前的研究结果，云究竟是产生正反馈还是负反馈还有很大争议。对当前的气候，一般认为云的总效应是冷却效应，因而对全球变暖可能不起关键性作用。然而，云的反馈过程非常复杂而且具有很大的不确定性，对这一问题的认识还需要进一步研究，因而不能过早地下结论。

地质年代的 CO_2 含量有时比现在高得多，那时的地球气候比现在暖吗？

回答是肯定的。从地球大气逐渐形成到1亿年前的地质年代是高 CO_2 浓度时期，那时的 CO_2 浓度可以达到3000～7000 ppm。那时，地球上的气候是很暖的，可能高达50 ℃以上。

但是在1亿年前有三次大冰期，分别发生在22亿～24亿年前（氧上升期），6亿～7.5亿年前和2.8亿年前（古生代二叠纪大冰期）。那时的海洋完全是冰封的，通过冰－反照率反馈机制，最后全球冰封，进入雪球阶段。以后通过大陆漂移，板块碰撞，使地壳变形，同时再加上火山爆发的作用，使 CO_2 排放入大气。由于全球冰封的情况下没有碳汇，大气中

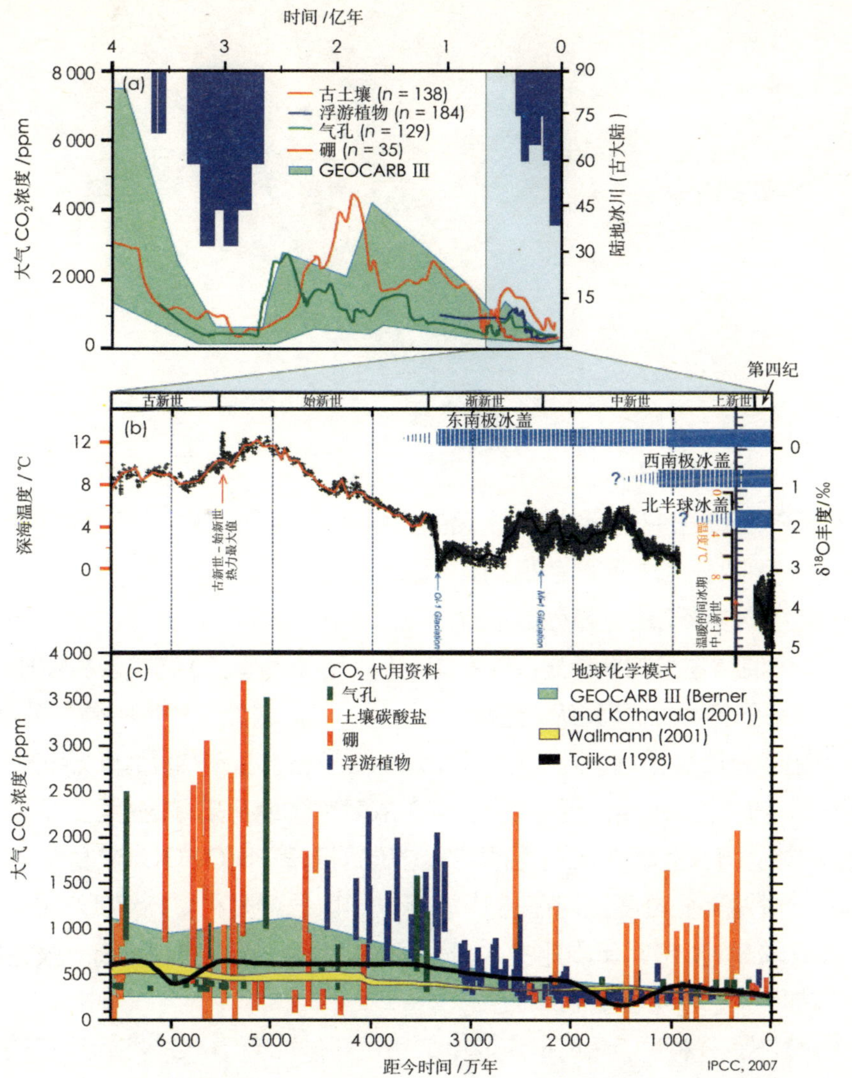

图12.6　(a) 4 亿年来大陆冰期的 CO_2 的变化；(b) 7000 万年以来深海 ^{18}O 同位素记录 (温度)；(c) 6500 万年以来 CO_2 的详细演变，该图是由不同作者的结果综合绘出的(转引自IPCC,2007)

CO_2 浓度是持续增加的，最终由 CO_2 产生的温室效应和风吹降尘产生的冰盖变黑（减少了反照率）使地表温度上升到一临界值，首先使热带冰层融化，这个过程一经开始，则通过冰 - 反照率反馈机制使增暖增强，并扩展到全球。最后使整个地球进入无冰的水球状态，此即雪球—水球旋回时期。这时全球平均温度高达 50 ℃（现在为 14.5 ℃）。大约 1 亿年前，板块运动减慢，地球上的气候由不稳定状态进入稳定状态（图 12.6）。

6500万年前白垩纪结束，温暖的气候结束（那时CO_2比今天高一个量级；热带到处是恐龙和绿色植物）。

此后，地球气候总趋势是不断变冷。到更新世（250万年），气候十分寒冷。一个值得注意的事件是发生在始新世（5500万年前）的气候极暖期，它是突然来到的（1万年量级，延续10万年），这一时期所释放的碳与预测的21世纪的释放量相近。高纬地区增暖20℃左右。在6000万年以来的气候变冷期，总体上，温度比现在要高，CO_2浓度也比现在高，如在距今330万～距今300万年（上新世）时，温度比工业化前高2～3℃，CO_2浓度为360～400 ppm，海平面高度比现在高15～25米。以后温度和CO_2浓度主要由冰芯获取，揭示了10万年周期的冰期—间冰期循环，即米兰科维奇气候循环。

由以上分析可以看到：

(1) 不论任何时期和任何起因，地质资料告诉我们，CO_2浓度与温度变化总是以相同的趋势演变，CO_2是气候变化的一个关键驱动力。

(2) 人类排放的CO_2是近代地球气候变化的一个新的驱动力。

(3) 如果CO_2及其他温室气体的大气含量增加到400～500 ppm以上，地球的平均温度至少要升高2℃以上。因而从地质年代CO_2浓度与温度的长期记录来看，现代全球气候变暖是非常值得关注的，它可能逐渐地向地质年代晚期的气候状态演变。

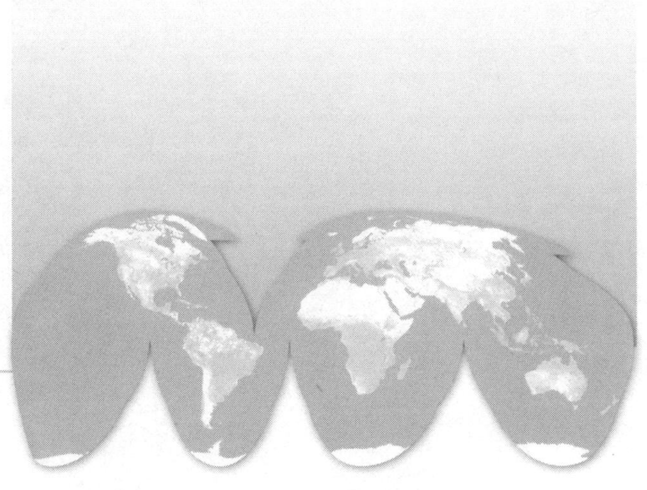

问题 13

工业化时代中大气二氧化碳和其他温室气体浓度的增加是由人类活动造成的吗？

是的，工业化时代大气中的二氧化碳（CO_2）和其他温室气体浓度的升高是由人类活动造成的。事实上，观测到的大气 CO_2 浓度的升高并不代表人类活动的所有排放量，它只占1959年以来人类活动排放的 CO_2 的55%。其余部分被陆地上的植物和海洋所吸收。在以上所有情形下，大气中的温室气体浓度及其增长都是由源（人类活动和自然系统对气体的排放）和汇（通过转化成某种不同的化合物而把温室气体从大气中清除）之间的平衡决定的。就人类排放的 CO_2 而言，75% 以上来自矿物燃料燃烧(加上水泥生产的少量贡献)，其余的来自土地利用变化（主要是毁林）。对另一种温室气体甲烷来说，在过去 25 年多的时间里，人类活动产生的排放超过了自然的排放。对氧化亚氮，人类活动产生的排放与自然过程向大气中的排放是相等的。大多数长寿命的含卤素气体（如氯氟碳化物）都是由人类制造的，在工业化时代以前大气中是没有这些气体的。平均而言，自从前工业化时代以来，对流层臭氧已经增加了38%，这个增长源自人类活动排放的短寿命污染物在大气中发生的化学反应。现在，CO_2的浓度达 379 ppm，甲烷浓度高于 1774 ppb，两种气体的浓度似乎都远高于过去至少 65 万年中（其间 CO_2 浓度保持在 180～300 ppm，甲烷浓度保持在 320～790 ppb）的任何时期。当前的变化速率之大是空前的；CO_2浓度的

增长量在以前1000年中也从未超过30 ppm，而今，在过去的17年中就增加了30 ppm。

二氧化碳

工业化时代以来大气中超过75%的CO_2浓度增长来自矿物燃料燃烧和水泥生产的排放，其余的增长则来自土地利用变化，其中毁林（和有关的生物质能燃烧）和农业生产造成的变化占支配地位。所有这些增长都是由人类活动造成的。自然界的碳循环解释不了过去25年中CO_2在大气中3.2～4.1吉吨碳／年的增长量。（1吉吨碳等于10^{15}克碳，即10亿吨碳。）

自然过程如光合作用、呼吸作用、腐烂和海面气体交换导致陆气和海气之间大量的交换以及形成源和汇，据估计，陆气排放速率约为120吉吨碳／年，海气约为90吉吨碳／年。自然的碳汇使CO_2在过去15年中有一小的净吸收，约为3.3吉吨碳／年，部分抵消了人类造成的CO_2排放。如果不是各种自然碳汇把人类排放的CO_2吸收了将近一半，过去15年中大气CO_2浓度会增长得更快。

现已知道，大气中CO_2浓度升高是人类活动引起的，这是因为大气中CO_2的性质，特别是其重碳原子与轻碳原子之比已经发生了变化，而其变化在某种程度上是由于矿物燃料碳的增加。此外，大气中的氧氮比随着CO_2浓度的升高而有所下降；这是预期中的，因为矿物燃料燃烧时也耗减了空气中的氧。重原子碳（即^{13}C同位素），在植物中和在由以前的植物形成的矿物燃料中的丰度(相对含量)较低，而在海洋中以及在火山或地热的喷发物中碳的丰度较高。^{13}C同位素在大气中的相对数量一直在下降，表明增加的碳

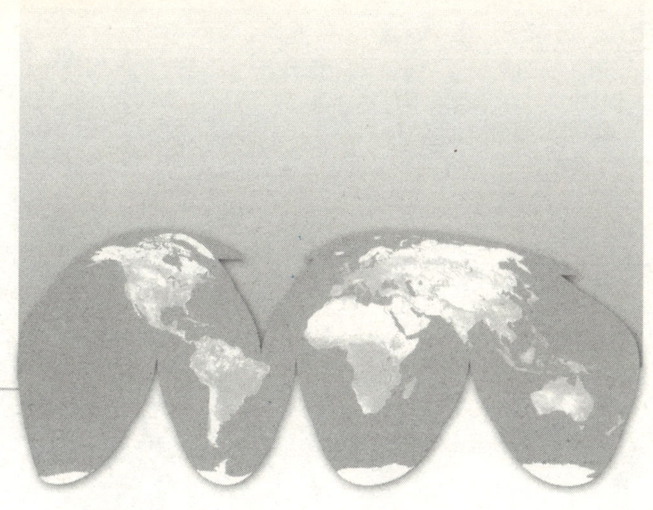

来自矿物燃料和植被。碳还有一种放射性很小的同位素（^{14}C），它只存在于大气 CO_2 中，矿物燃料中不含 ^{14}C。在大气中进行核试验以前，^{14}C 相对含量的减少表明大气中正在加入矿物燃料碳。

含卤素气体

人类活动是大气中所有长寿命的含卤素气体的源。在工业化之前，自然过程只能生成很少的含卤素气体，例如甲基溴和氯甲烷。由于化学合成新技术的发展，20世纪后半叶，化学工业生产的含卤素气体大量扩散。由人类生产的主要含卤素气体的排放见图 13.1b 中。图中绘出了氯氟碳化物（CFCs，其在大气中的寿命为 45～100 年）、氢代氯氟碳化物（HCFCs，其在大气中的寿命为 1～18 年）和氢氟碳化物（HFCs，其在大气中的寿命为 1～270 年）的排放。全氟碳化物（PFCs，图中未绘出）在大气中已存在了数千年。有些重要的含卤素气体的浓度，包括氯氟碳化物，现在在地球表面的浓度已趋稳定或正在下降，这都是《关于耗减臭氧层物质的蒙特利尔议定书》及其修正案在国际社会发挥作用的结果。HCFCs（其相关产品在 2030 年以前将被淘汰）以及《京都议定书》气体 HFCs 和 PFCs 的浓度，目前仍在上升。

甲烷

人类活动排放到大气中的甲烷（CH_4）超过了来自自然系统中的 CH_4（图 13.1c）。1960—1999 年，CH_4 浓度快速增长，其增长的平均速率至少比 1800 年以前的 2000 中任何 40 年周期里的变化速率快 6 倍，尽管自

1980年以后增长速率接近于零。大气中CH_4的主要自然源是湿地，另外的自然源包括白蚁、海洋、植被和CH_4水合物。产生CH_4的人类活动包括利用煤和天然气进行的能源生产、垃圾填埋场的废弃物处理、发展养殖反刍动物（如牛和羊）、稻谷生产和生物质能燃烧。CH_4一经排放到大气，就会在大气中存留大约8.4年才能被清除掉，其清除作用主要是由大气中的化学氧化过程完成的。CH_4的较小的汇包括土壤的吸收以及在平流层中最终被破坏清除。

氧化亚氮

对于排放到大气中的氧化亚氮（N_2O）来说，其人类活动的源大致与自然系统的源相当（图13.1d）。1960—1999年，N_2O浓度增长的平均速率至少比1800年以前的2000中任何40年周期里的变化速率快2倍。N_2O的自然源包括海洋、大气中氨的化学氧化过程，以及土壤。热带土壤是大气N_2O的一个特别重要的源。排放N_2O的人类活动包括氮肥转化成N_2O以及后来它从农用土壤中向大气排放、生物质能燃烧、发展养牛业，以及一些工业活动（包括尼龙生产）。N_2O一经排放到大气，就会在大气中存留大约114年才能被清除掉，主要是在平流层被破坏掉。

对流层臭氧

对流层臭氧是由大气中的臭氧前体物（如一氧化碳、甲烷、挥发性有机物和氮氧化物）发生光化学反应生成的。自然生态过程和人类活动（包括土地利用变化和燃料燃烧）都会排放这些化合物。对流层臭氧的

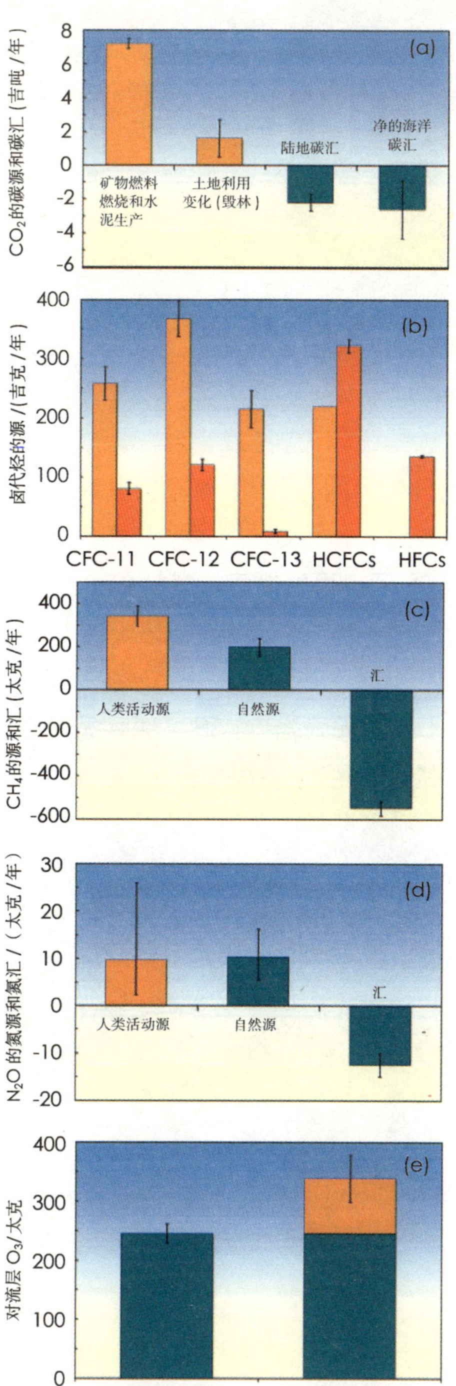

图13.1 对大气温室气体浓度变化的贡献。图a-d中，橙色为人类活动引起的源，而绿色为自然的源和汇。在图e中，橙色为人类活动引起的对流层臭氧，而绿色为自然臭氧含量。(a)CO_2的源和汇（吉吨碳）。每年人类活动（包括矿物燃料燃烧和土地利用变化）向大气中排放CO_2。人类活动排放的这些CO_2只有57%～60%留存在大气中。有些溶解到海洋中，而有些随着植物的生长合并到植物体中。与土地有关的通量资料时段是20世纪90年代；矿物燃料及水泥造成的通量以及净的海洋吸收资料时段为2000—2005年。(b) 1990年（浅橙色）和2002年（深橙色）CFCs和其他含卤素化合物的全球排放。这些化学物质全是人类制造的。这里HCFCs包含HCFC-22，-141b和-142b；而CFCs包含HFC-23，-125，-134a和-152a。1吉克(Gg)=10^9克（1000吨）。(c) 1983—2004年CH_4的源和汇。人类引起的CH_4的源包括能源生产、垃圾填埋场、反刍动物（如牛和羊）养殖、水稻生产和生物质能燃烧。1太克(Tg)=10^{12}克（100万吨）。(d) N_2O的源和汇。人类引起的N_2O的源包括氮肥的运输及其随后在农用土壤中的排放、生物质能燃烧、养牛业，以及一些工业活动（包括尼龙生产）。(e) 19世纪及20世纪初以及1990—2000年的对流层臭氧。对流层臭氧浓度的升高是人类引起的，源自矿物燃料和生物质燃料燃烧排放的污染物在大气中发生化学反应。工业化时代前的值和不确定范围取自IPCC第三次评估报告中的表4.9

寿命较短，在大气中只能存留几天到几个星期，因此，对流层臭氧在大气中的分布变化很大，并与其前体物的丰度、水汽和日射关系密切。对流层臭氧的浓度在城市大气、城市地区的下风方和生物质能燃烧的地方非常高。自前工业化时代以来，对流层臭氧浓度增长了38%（20%～50%）（图13.1e），主要是由人类活动引起的。

1960—1999年，CO_2，CH_4和N_2O总辐射强迫的增长速度很可能比1800年之前的2000年中任何40年的增长速度至少快6倍。

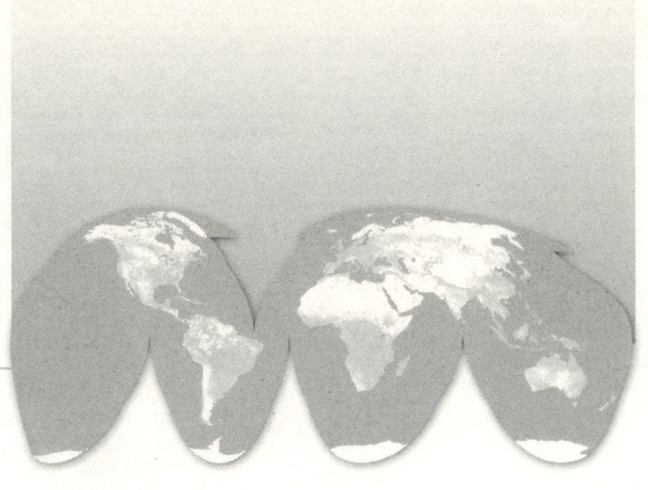

问题14

用于预估未来气候变化的模式，其可靠性有多大？

气候模式可以对未来的气候变化，特别是在洲际尺度上提供可靠的定量估计，对此我们非常有信心。信心来自何处？主要来自两方面：一是来自模式建立的基础是公认的物理原理，即基础扎实；二是来自模式能够很好地再现观测到的当前气候以及过去气候变化的特点，即表现良好。模式对有些变量（如温度）的估计的置信度高于另一些变量（如降水量）。经过几十年的研发，现在，不同的模式对温室气体浓度升高的响应结果非常一致，也非常明确，即显著的气候变暖。

气候模式是气候系统的数学表述，它用计算机代码来表达并在功能强大的计算机上运行。我们信心的来源之一便是模式是建立在已被确认的物理定律（如质量守恒定律、能量守恒定律和动量守恒定律）以及大量观测事实的基础上的。

信心的第二个来源是模式拥有良好的模拟能力，它们能够模拟当前气候的重要特征。科学家通过用大气、海洋、冰雪圈和陆地表面的观测资料来比较不同模式的模拟结果，对模式进行了必要的、多方面的评估。过去十年间，科学界以有组织的多模式“相互比较”的形式对多个模式进行了多次严格的评估。所有被比较的模式在表征许多重要的平均气候特征方面（如大气温度、降水量、辐射和风场，以及海洋的温度、洋流和海冰的

大尺度分布)，都表现出了显著的、越来越高的水平。模式还能够模拟出多时间尺度上观测到的多种类型气候变率的主要特征。这包括主要季风系统的进退，温度、风暴路径和雨带的季节变化，以及温带地表气压在半球尺度的跷跷板变化。人们还通过利用模式进行天气预报和季节预测的方式来检验某些气候模式（或者密切相关的变量)。如果模式在这些预报中表现得好，就表明它们可以表征短时间尺度以及季节和年际尺度的大气环流变率方面的重要特征。模式表征这些以及其他重要气候特征的能力进一步增强了我们的信心，因为它们能够表征对未来气候变化的模拟至关重要的物理过程。（请注意，气候模式在预报几天的天气上具有局限性，但这不能限制它们在预估长期气候变化方面的能力，因为这是两种完全不同类型的预测问题——参见问题 2。）

信心的第三个来源是模式再现过去的气候和气候变化特征的能力。科学家已经用模式模拟了古气候，如6000多年前温暖的中全新世或21000年前的末次冰期冰盛期。模式能够再现许多特征（在重建过去的气候时要考虑不确定性)，如末次冰期期间海洋变冷的幅度和主要的尺度型式。模式还可以模拟有器测记录以来观测到的气候变化的许多方面。譬如，在考虑了影响气候的人类因子和自然因子时，模式可以很好地模拟过去100年的全球温度变化趋势（见图14.1)。模式还可以重建其他观测的变化，如巨大火山爆发（如1991年皮纳图博火山爆发）后，温度的降低以及在夜间的变化快于白天、北极的大幅度变暖，以及全球较小的短期变冷（以及后来的恢复）（见图14.1)。模式在过去20年进行的全球温度预估也得到后来同时期观测的全面支持。

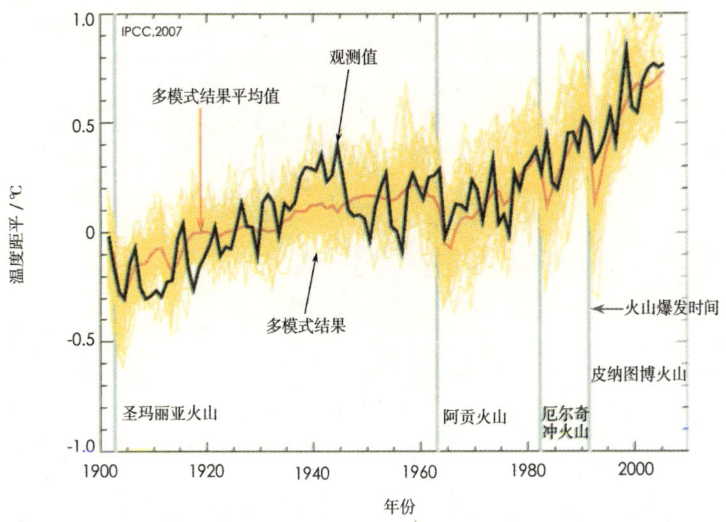

图 14.1　20 世纪全球平均近地面温度距平（相对于 1901 —1950 年的平均值）

不过，模式也表现出一些明显的误差。尽管在尺度较小时这些误差通常较大，但在重要的大尺度问题中也会存在较大误差，例如，在热带降水量、厄尔尼诺 - 南方涛动以及麦登 - 朱利安振荡（MJO）（观测到的热带风场和降水在 30～90 天时间尺度上的变化）的模拟方面仍存在不足。这些误差主要来自模式不能很明确地表述很多重要的小尺度过程，因此在小尺度过程与大尺度过程相互作用时就必须以近似的形式来表示。这部分是受计算机计算能力的限制，但同时也是受科学认识的限制和对一些物理过程还不能进行有效的详细观测所致。特别是，不确定性较大与云的刻画以及云对气候变化的响应的刻画有关。所以，模式结果中，全球温度变化对指定的温室气体强迫的响应仍将继续表现出一个较大的不确定范围。不过，尽管存在这样的不确定性，模式对温室气体浓度上升后气候会显著变暖的预测结果仍是一致的，而且这个变暖与通过其他方式（如观测的气候变化和过去的气候重建）得到的独立评估在量级上是一致的。

因为全球模式在预估尺度较小的气候变化时置信度有所下降，所以，为了研究区域尺度和局地尺度的气候变化（见问题 20），已经专门开发了一些其他技术，如利用区域气候模式或统计降尺度方法等。但是，因为全球模式将继续发展，其分辨率也将继续提高，所以，它们在研究重要的小尺度特征（如极端天气事件的变化）时，作用将更加突出；随着计算机计

算速度和功能的不断提高，预期对区域尺度的表述能力将进一步提高。模式在对气候系统的处理上也变得越来越全面，由此能够清晰地表征更多的物理过程和地球生物化学过程，以及对气候变化有潜在重要影响的相互作用，特别是在较长的时间尺度上。例如，近来在一些全球气候模式中，内置了植物的响应、海洋的生物和化学相互作用，以及冰盖动力学。

总之，对模式的信心来自模式的物理基础，以及它们表征观测到的气候及过去气候变化的能力。研究表明，模式在模拟和认识气候方面已经成为非常重要的工具，它们能够在较高的置信水平上对未来，特别是在较大尺度上的气候变化提供较可靠的定量评估。但应该指出，模式仍有一些明显的局限性，如它们对云的描述，云的描述导致气候变化预测在数值和发生时间以及一些区域细节变化上出现不确定性。无论如何，模式经过几十年的发展，已经能够对温室气体浓度增加引起的气候显著变暖给出一致的、明确的图景。

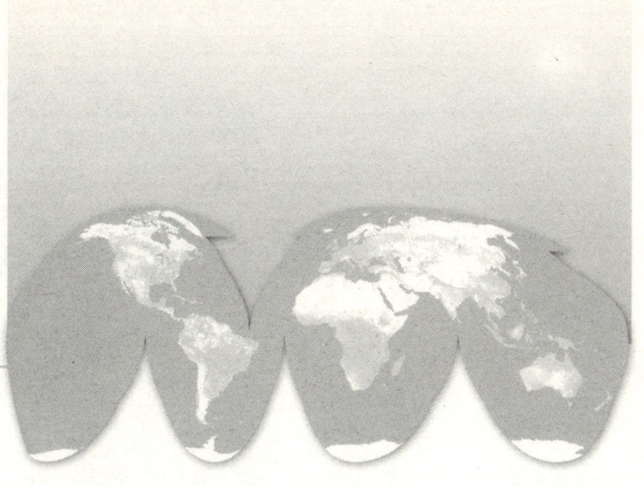

问题 15

单个的极端事件是否能用温室增暖来解释?

人类活动（如矿物燃料的利用）引起的大气温室气体浓度的增加导致气候变暖，随着气候变暖，预期极端气候事件将发生变化。然而，我们仍很难确定一个特定的、单一的极端事件是否是由特定的原因（如温室气体浓度增加）造成的，这主要有两个原因：(1)极端事件通常是由诸多因子共同作用引起的；(2)极端事件也是正常气候的一个组成部分，即使在气候不发生变化的情况下也是如此。不过，对过去 100 年观测的变暖进行分析表明，一些极端事件（如热浪）发生的可能性由于温室增暖而大大增加，其他极端事件（如霜冻或极冷的寒夜）发生的可能性已经下降。例如，最近的研究估计，人类的影响已经使人们遭遇 2003 年那样的欧洲酷热夏季的风险增加了两倍还多。

受极端天气事件影响的人们经常这样问，人类是否要在一定程度上对气候变化负责？近年来一些媒体和评论员已经把见到的许多极端事件与温室气体浓度的增加联系在一起。这些极端事件包括澳大利亚的长期干旱、2003 年欧洲夏季的极端热浪（见图 15.1）、2004 和 2005 年北大西洋的强飓风季节，以及 2005 年 7 月印度孟买的极端降水事件。诸如大气温室气体浓度增加之类的人类影响是否会造成这种极端事件呢？

极端事件通常是受多种因子的共同作用下而形成的。例如，有几种因子对 2003 年夏季欧洲的极端高温有贡献，包括一个持续性高压系统，它与

异常晴空和干燥的土壤联系在一起，高压控制下，因为土壤水分蒸发消耗的能量较少，所以有更多的太阳能用来加热大地。与此类似，飓风的形成则要求有较高的海面温度和特定的大气环流条件。因为有些因子受人类活动的影响很大，如海面温度，但其他因子可能并非如此，所以，检测人类活动对某个特定极端事件的影响并不简单。

不过，我们可以利用气候模式来确定人类的影响是否已经改变了某些类型的极端事件发生的可能性。例如，在2003年欧洲热浪的案例中，首先在气候模式中仅考虑影响气候的自然因子（如火山的活动和太阳输出能量的变化）的历史变化。然后，在模式中考虑人类和自然两种因子的共同作用，其模拟结果与欧洲气候的实际演变更为接近。根据这些试验可以估计出，在20世纪，人类影响使欧洲夏季出现像2003年那样酷热天气的风险超过两倍，而在没有人类影响的情况下，可能只是数百年一遇。

“人类的影响是否改变了某个事件发生的可能性？”——这种概率方法的意义在于，可以用其评估外部因子（如温室气体浓度的升高）对某种类型事件（如热浪或霜冻）发生频率的影响。不过，这还需要进行细致的统计分析，因为单个极端事件（如晚春的霜冻）发生的可能性有可能因气候变率的变化以及气候平均态的变化而发生变化。这种分析依赖于基于气候模式对气候变率的评估，因此，所用气候模式应该能够足以描述这种气候变率。

同样的概率方法还可以用来检验暴雨或洪水发生频率的变化。据气候模式预测，人类的影响将引起多种极端事件（包括极端降水事件）的发生频率增加、强度增大。已有证据表明，最近几十年，某些地区的极端降水事件增加，导致洪涝灾害增加。

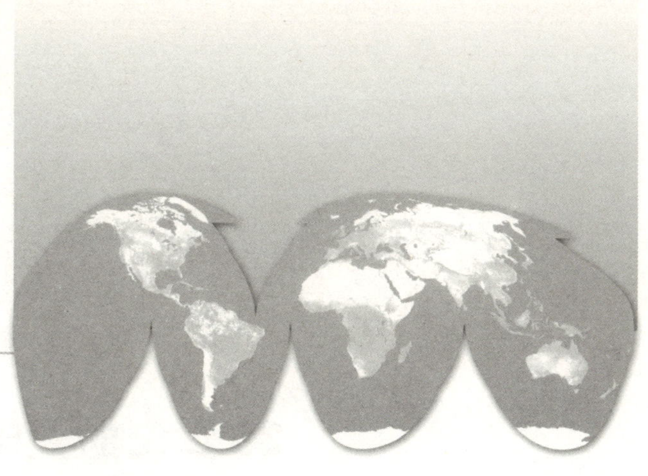

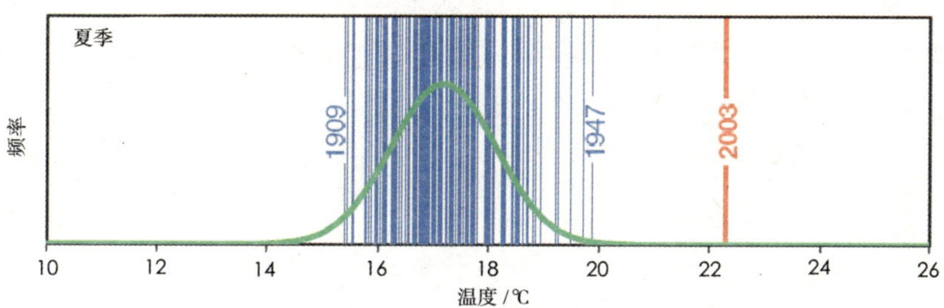

图15.1　1864—2003年瑞士夏季平均气温约为17 ℃，如绿色曲线所示。在极端酷热的2003年夏季，平均气温超过22 ℃，如红线所示（每条竖线都是137年记录中的一年）。绿线为拟合的高斯分布。1909，1947和2003三年因代表了这个记录中的三个极端年份而被特别标记出来（引自Schar等. 2004. *Nature*,427:332-336）

问题 16

20世纪的变暖是否能用自然变率来解释？

20世纪的变暖不大可能用自然原因来解释。20世纪末期地球已经异常的温暖。古气候重建显示，20世纪后半叶可能是北半球在过去1300年中最暖的50年。这个快速变暖与人们的科学认知——气候应如何响应温室气体浓度的快速增加（就像过去一个世纪里所发生的那样）——是一致的，而且变暖与人们的另一种科学认知——气候应如何响应自然外强迫（如太阳输出能量的变率和火山活动）——又是不一致的。气候模式对研究地球气候所受的不同影响提供了一种重要的工具。当模式同时考虑温室气体浓度增加和自然外强迫时，模式就能对过去一个世纪已经发生的变暖给出很好的模拟。当模式在运行中 仅仅考虑自然因子时，就不能再现观测到的变暖。当考虑人类因子时，模式还能模拟出温度变化在全球的地理分布，与最近几十年已经发生的情形类似。这个空间分布型的特征（如在北半球高纬度地区增暖较大），与那些和内部气候过程（如厄尔尼诺）有关的自然气候变率最重要的分布型完全不同。

地球气候随时间的变化是自然内部过程（如厄尔尼诺）和外部影响因子的变化共同作用的后果。这些外部影响可以是自然起源的，如火山活动和太阳输出能量的变化，也可以是由人类活动引起的，如温室气体的排放、人类源气溶胶、臭氧耗减和土地利用变化。自然内部过程的作用可以通过研究观测到的气候变化以及通过在不改变影响气候的任何外部因子的条件下运行气候模式来进行评估。外部影响的效应则可以通过在模式中

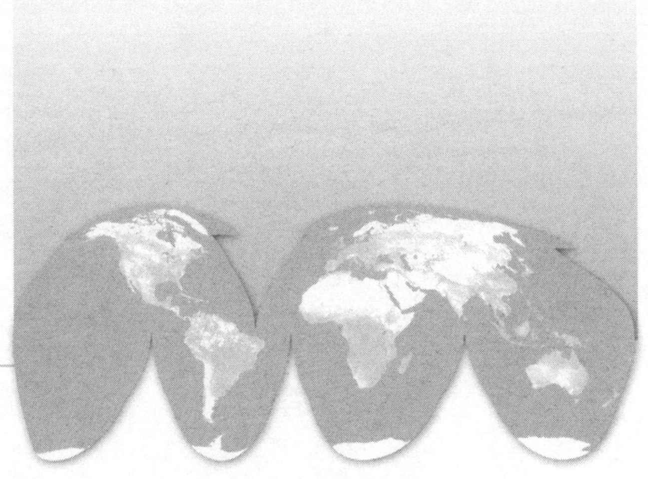

改变这些因子，并通过利用对所涉及过程的物理认识来进行评估。自然内部变率和自然外部因子的综合效应还可以根据工业革命前的树木年轮、冰芯和其他类型的自然“温度计”所记录的气候信息进行评估。

影响气候的自然外部因子包括火山活动和太阳输出能量的变化。猛烈的火山喷发有时候会把大量的尘埃和硫酸盐气溶胶喷射到很高的大气层中去，在一段时间内遮蔽地球并把太阳光反射回太空。太阳的能量输出具有11 年的周期，也可能还具有更长时间的变化。过去100 年的人类活动，特别是矿物燃料的燃烧，已经引起大气中的二氧化碳和其他温室气体浓度快速上升。在工业革命以前，这些气体数千年来一直保持着近乎稳定的浓度水平。人类活动还导致大气中细小反射性粒子（或称“气溶胶”）的浓度上升，特别是在20 世纪五六十年代。

尽管自然的内部气候过程（如厄尔尼诺）能够引起全球平均温度在短时期内发生变化，但分析表明，全球平均温度的大部分变化是由外部因子引起的。全球变冷的主要时段均发生在巨大的火山爆发之后，如1991 年皮纳图博火山爆发。20 世纪早期，全球平均温度是升高的，因为在那个时期温室气体浓度开始升高，太阳的能量输出有可能也处于增加的阶段，因为那时几乎没有什么火山活动。20 世纪五六十年代，全球平均温度总体下降，因为矿物燃料和其他来源造成的气溶胶浓度上升使地球变冷了。1963年阿贡火山的爆发也向高层大气喷射了大量的反射性尘埃。自20 世纪 70 年代以来观测到了快速的变暖，这个时期温室气体浓度的增加在所有影响因子中起着主导作用。

为了确定20 世纪气候变化的可能原因，科学家已经利用气候模式进行了大量的实验。实验结果表明，模式在仅仅考虑太阳输出能量的变化和

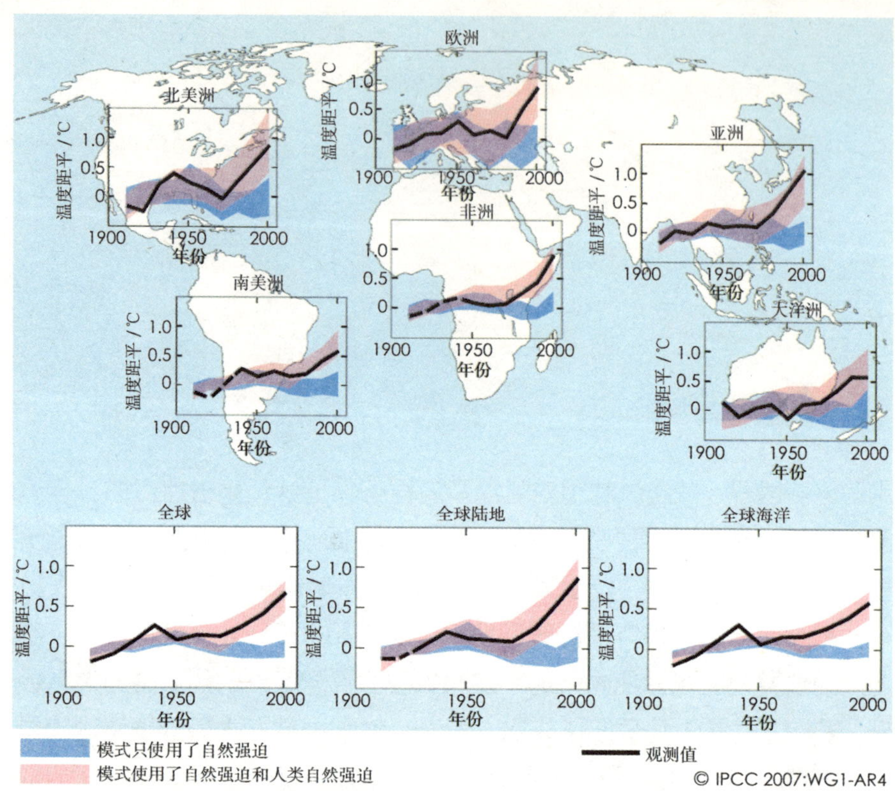

图16.1　与1901—1950年的平均值相比，1906—2005年地球各大洲，以及全球、全球陆地地区和全球海洋地区（下图）年代际温度变化（℃）。黑色实线为观测的温度变化，而彩色色带为近年来模式90%模拟结果所覆盖的范围。红色部分表示模拟考虑了自然因子和人类因子，而蓝色部分表示模拟只考虑了自然因子。黑色虚线表示严重缺少观测值的那些年代和那些陆地区域

火山活动时，不能重建近几十年来观测到的快速变暖。但是，如图16.1所示，模式在考虑了所有最重要的外部因子（包括人类对温室气体的源等方面的影响以及各种自然外部因子）时，就能够模拟出观测到的20世纪的温度变化。模式对这些外部因子的响应在20世纪的全球气候以及在除南极洲（那里没有足够的观测资料）之外的各个大洲的气候中都是可以检测到的。在过去的半个世纪中，在能够引起全球平均地表温度发生变化的所有因子中，人类对气候的影响可能起主导作用。

不确定性的一个重要来源是我们对一些外部因子的认识还不够全面，如人类活动排放的气溶胶。此外，气候模式本身也还不够完善。但无论如何，所有模式对人类活动引起的温室气体浓度增加的响应都是同一种方式的，且与观测到的变化方式相似。这种响应方式包括陆地的增暖幅度高

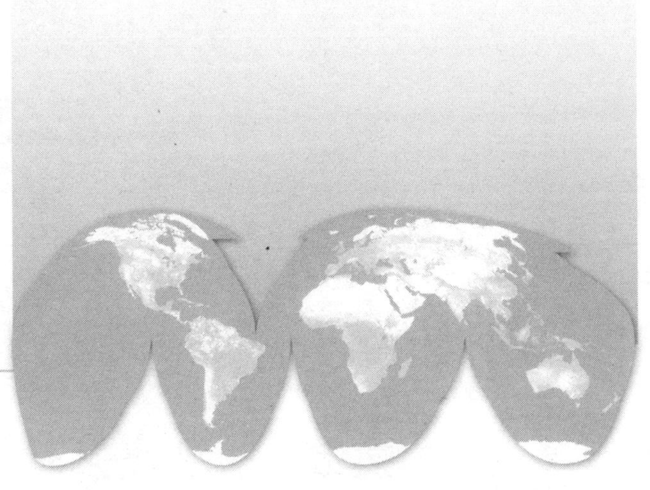

于海洋。这种变化方式不同于与自然的内部变率（如厄尔尼诺）有关的主要温度变化型，从而有助于辨识温室气体的响应与来自自然的外部因子变化的响应。模式和观测都一致表明，低层大气（对流层）在变暖，而在较高的平流层是变冷的。这是变化的另一种“痕迹”，它能揭示人类对气候的影响效应。例如，如果太阳输出的增加是近来气候变暖的主导因子，则对流层和平流层都应该是变暖的。此外，人类活动和自然外部因子影响时间的不同也有助于我们辨识气候对这些因子的响应。这种认识使我们更有信心认为，过去50年观测到的全球变暖，其主要原因是人类活动而非自然因子。

根据像树木年轮这样的自然“温度计”的“记录”（当温度变化时，树木年轮的宽度或者密度会发生相应的变化）以及历史天气记录，科学家对过去一两千年北半球的温度作了一些估计，这些估计又提供了另外的证据，表明20世纪的变暖不能仅仅由自然内部变率和自然外部强迫因子来解释。对这些估计，我们越来越有信心，因为在工业化时代之前，北半球平均温度所显示出的大部分变化都可以用巨大火山爆发和太阳输出能量的变化引起的阶段性变冷来解释。

其余的变化通常与气候模式在不考虑自然和人类引起的外部因子时所模拟的变率是一致的。尽管在评估过去的温度时也存在不确定性，但评估结果表明，20世纪后半叶可能是过去1300年中最暖的50年。自然因子引起的气候变率的估计值与20世纪的强烈变暖相比，显得就太小了。

问题17

热浪、干旱或洪水等极端事件会随着地球气候变化而发生变化吗？

是的。极端事件的类型、发生频率和强度据估计都会随着地球气候的变化而发生变化，而且这些变化甚至在平均气候变化相对很小时也有可能发生。据观测，有些类型的极端事件已经发生了变化，例如，热浪和强降水事件的发生频率和强度都增加了（见问题7）。

在未来气候变暖的情况下，热浪发生的风险会增加，其强度将更大，发生频率将更高，持续时间也将更长。欧洲2003年的热浪是一类极端热事件持续几天到一个多星期的例子，这类极端事件在未来更暖的气候中可能会更为常见。温度极端事件的一个相关方面是，很有可能在大多数地区每天的温度日较差（一天当中最高气温和最低气温之差）会变小。而且在未来变暖的气候中霜冻日数（即夜晚的温度骤降到冰点以下）有可能减少。生长季的长度与霜冻日数有关，而且据预测将随着气候变暖而变长。北半球冬季大多数地区冷空气暴发（即持续几天到一个多星期的极端冷事件的时期）的发生频率有可能下降。但在极端冷事件的减少数量最小的地区（北美洲西部、北大西洋、欧洲南部和亚洲），那里由于大气环流的变化而有可能发生例外。

在未来变暖的气候中，大多数大气和海洋全球环流模式都预估，在北半球中纬度和高纬度的大部分地区，夏季的干燥度和冬季的湿润度都将增加。夏季干燥度表示干旱的风险加大了。随着干旱风险的加大，强降雨和洪涝的机会增多了，因为大气变暖后其持水能力更强了。这已经在观测中得到

证实，而且据预测这种情形还将继续，因为在变暖的世界中，降水趋向于聚集起来形成更强的事件，中间有更长的时间没什么降水。因此，强暴雨有可能散布于较长的相对干旱时段中。这些预估的变化的另一个方面是，据预估，极端湿事件在平均降水预计增加的许多地区将变得更强，而极端干事件在那些平均降水预计减少的地区将变得更强。

与极端强降雨增加的结果相呼应，即使未来气候中风暴的风力没有变化，极端降水强度也有可能增加。特别是在北半球陆地，根据预估，由于在风暴事件期间强降水增加，欧洲中部和北部极湿冬季的可能性增加，暗示着欧洲和其他中纬度地区由于更强的降水和降雪事件产生了更强的径流而使得发生洪涝的机会增多。类似的结果也适用于夏季降水，意味着在亚洲季风区和其他热带地区洪涝将增多。未来温暖气候下大多数江河流域洪涝风险增加与河流流量增加有关，而后者又和与未来强降水有关的降水事件和洪涝的风险增加相联系。有些变化已经出现扩大的趋势。

模拟研究的结果表明，未来热带气旋有可能变得更加猛烈，风力更大，且降水更强。研究表明，这样的变化可能已经发生了；有指标显示，过去30年中4级和5级飓风（指美国飓风分级）的年平均数量已经有所增长。一些模拟研究预估，在未来气候变暖的情况下，全球热带气旋的数量将因热带对流层的稳定性增加而减少，伴随特征将是弱风暴减少而强风暴数量增加。一系列的模拟研究还预估，温带的风暴将更强但数量将减少，在有些地区存在出现更极端的大风事件和更高海浪的趋势，这些都与那些气旋的加深有关。模式还预估，两个半球上的风暴路径都将向极地方向偏移几个纬度。

问题18

气候有可能发生重大的或突然的变化吗，比如冰盖消失或全球洋流变化？

根据当前可获得的模式模拟结果，认为21世纪不可能发生那些突然的气候变化，如西南极冰盖的坍塌、格陵兰冰盖的快速消失或海洋环流系统的大尺度变化。但是，这些变化将随着气候系统扰动的发展而变得越来越有可能发生。

对格陵兰冰盖、北大西洋及其他地方的海洋沉积物以及对过去气候的许多其他档案记录的物理、化学和生物分析表明，未来若干年内，局地的温度、风力格局和水分循环可能会发生快速的变化。对世界各地的记录进行对比分析，结果表明，过去曾经发生过半球到全球范围的重大变化。这导致我们认为过去的气候是不稳定的，历经过几次突变时期。因此，人们很关心，大气中温室气体浓度的持续增长是否会造成扰动不断变强，以至足以引发气候系统的突变？气候系统如果发生这样的扰动可能就很危险，因为它将产生全球性的重大后果。

在讨论这类变化的一些案例之前，我们有必要先定义一下术语“突变”和“重大”。“突变”表达这样一种概念，即变化发生得比引起变化的扰动要快得多；换句话说，响应是非线性的。“重大”气候变化包含两层意思，一是变化超过了当前自然变率的范围，二是变化的空间范围是从几千千米到全球。而在局地尺度到区域尺度上，突变是自然气候变率的一个共同的特征。这里，我们不考虑那些称做“极端事件”的、孤立的、短暂的事件，而是考虑那些发展速度快且持续几年到几十年的大尺度变化。这些

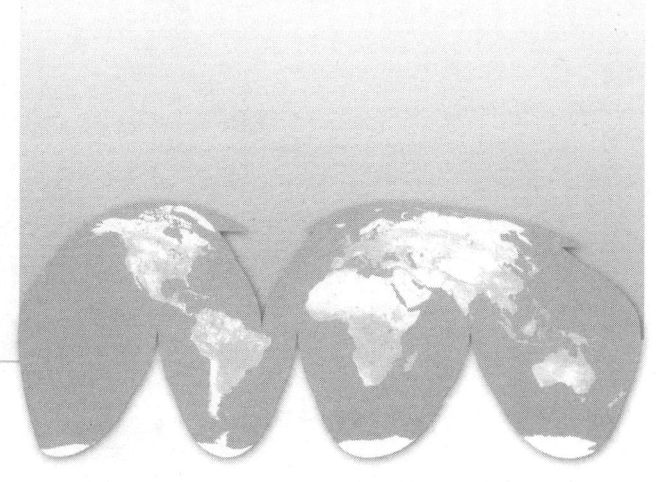

孤立的、短暂的事件包括20世纪70年代中期东太平洋海面温度的漂移，或者20世纪80年代中期以来拉布拉多海上层1000米的盐度减少，这些都是具有局地到区域后果的突变事件的案例，它们与这里所关注的更大尺度、更长时期的事件不同。

一个案例是湾流可能减弱或关闭，这是很多公众关心的事。湾流是西北大西洋上由风力驱动的主要水平洋流。尽管全球海洋环流具有稳定的特征（湾流流向北时为格陵兰海—挪威海—冰岛海提供温暖的表层海水，从而为这些海域和邻近的陆地区域带去大量的热量），但其向北影响的范围严重地受到表层海水密度变化的影响。湾流构成海盆尺度的经向翻转环流（MOC，它形成于沿大西洋海盆的西边界）的最北端。气候模式模拟结果一致认为，如果北大西洋表层海水的密度由于变暖或盐度降低而下降，则MOC的驱动力将被削弱，从而使进入这些海域的热量减少。所有气候模式预估都表明，盐度持续大量减少可能会引起MOC更大程度的减弱甚至完全关闭。这种变化在遥远的过去的确曾经发生过。

现在的问题是，人类对大气的影响不断增加是否对MOC构成一个足够强的扰动，从而有可能引起这样一种变化？大气中温室气体浓度的增加导致气候变暖和水文环流，后者使得北大西洋表层水的盐度变低，因为中高纬度降水增多造成有更多的淡水径流从相应地区的河流流入海洋。变暖还使得陆地积冰融化，增加了淡水径流，从而进一步减少了海洋表层水的盐度。这两种效应都有可能减少表层水的密度（它必须足够浓，足够重，从而下沉，以驱动MOC），导致MOC在21世纪减弱。预计MOC将随着变暖继续一步步地减弱：没有任何一个现行模式的模拟结果认为在本世纪会出现突然的（非线性的）减弱或完全关闭。各个模式所模拟的MOC的减弱程度

虽存在相当大的差别，但到21世纪末大多数模式对气候变暖并未表现出显著的响应，致使MOC减弱超过50%。不同模式之间的差异主要缘于模式中所模拟的大气和海洋的反馈作用存在差别。

关于MOC的长期演变也存在不确定性。许多模式表明，一旦气候稳定下来，MOC就将恢复如初。但有些模式结果对MOC是有阈值的，当强迫足够强且持续时间足够长时，MOC将终止。这种模式表明，MOC甚至在气候稳定之后仍将逐渐减弱。目前还不可能把这种情况发生的可能性定量化。无论如何，即使这真的会发生，欧洲也仍将经历变暖，因为温室气体浓度升高引起的辐射强迫仍将可能超过与MOC减弱相联系的变冷。由此，设想因MOC关闭而引发冰期开始的灾难性情景仅仅是一种推测，没有哪个气候模式给出这种结果。所以我们可以很有把握地把这种气候突变情景排除在外。

如果不考虑MOC的长期演变，模式模拟表明，变暖以及由此造成的盐度下降将在未来几十年内显著地减少拉布拉多海深层和中间层海水的形成。这将改变北大西洋中间层水团的特征，并最终影响深层海水。这种变化的长期效应还是未知的。

其他广泛讨论的突然的气候变化事件包括格陵兰冰盖的快速碎裂或者西南极冰盖的突然坍塌。模式模拟和观测都表明，北半球高纬度地区的变暖正在加速格陵兰冰盖的融化，而且因水文循环增强而造成的降雪增加不足以补偿这种融化。因而，格陵兰冰盖有可能在未来几百年中显著收缩。此外，结果还表明，存在一个关键的温度阈值，超出这个阈值，格陵兰冰盖就可能完全消失，而且有可能在本世纪就超过该阈值。然而，格陵兰冰盖全部

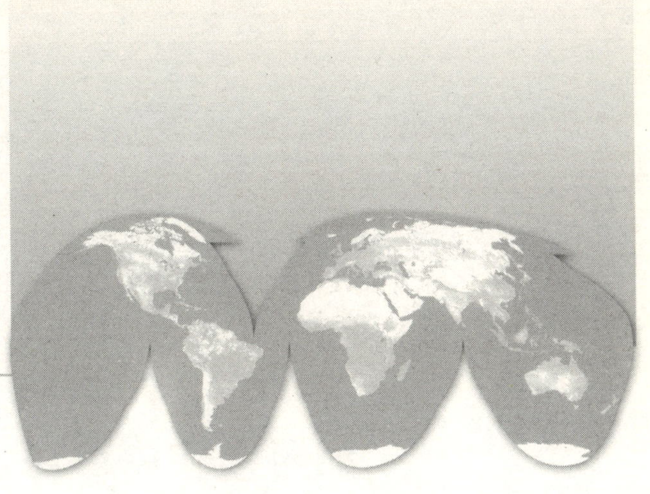

融化（将使全球海平面升高大约7米）是一个缓慢的过程，可能要花数百年的时间。

近来对冰架下面的冰川流进行的卫星观测和实地观测，都集中在冰盖系统的一些快速的反应上。这使人们对西南极冰盖的总体稳定性产生了新的关注，西南极冰盖的坍塌有可能引起海平面再升高 5～6 米。当这些冰川流因其前面的冰架而保持稳定的时候，通常并不知道比较有限的冰盖范围的这种稳定的减弱或衰退是否真的可以触发许多冰盖流的普遍泄流并由此导致整个西南极冰盖的不稳定。冰盖模式仅仅是正在开始研究这种涉及冰河床和海洋在冰盖周界的复杂相互作用的小尺度动力过程。因此，从当前的冰盖模式中还得不到有关西南极冰盖坍塌事件的可能性或发生时间的定量信息。

问题19

如果温室气体排放减少了，它们在大气中的浓度下降得会有多快？

大气中温室气体浓度随着减排而发生的调整依赖于从大气中清除每一种气体的物理和化学过程。有些温室气体的浓度几乎随着减排立即下降，而有些温室气体的浓度则在减排之后还会继续升高，甚至持续几百年的时间。

大气中温室气体的浓度取决于气体向大气中排放的速率和从大气中清除过程的速率之间的差异。比如，二氧化碳（CO_2）在大气、海洋和陆地之间通过海气间气体传输、化学过程（如侵蚀）、生物过程（如光合作用）等进行交换。尽管排放的CO_2中有一多半通常在一百年内从大气中去除掉了，但仍有一部分（约20%）排放的CO_2会保留在大气中达几千年甚至上万年。由于清除过程很缓慢，所以，在一个很长的时期内，即使其排放在当前的水平上显著减少，大气中的CO_2浓度也将继续升高。甲烷（CH_4）是通过大气中的化学过程被清除掉的，而氧化亚氮（N_2O）和一些卤烃是在高层大气中被太阳辐射分解掉的。这些过程在各不相同的时间尺度上起着作用，从几年到几千年。对此过程可以用某种气体在大气中的寿命来进行度量，气体在大气中的寿命定义为气体受扰动减少到其初始含量的37%时所花的时间。尽管对于CH_4，N_2O，以及其他痕量气体如氢代氯氟碳化物-22（HCFC-22，一种液体制冷剂），可以合理地确定它们的寿命（CH_4大约是12年，N_2O大约是110年，HCFC-22大约是12年），但却不能确定CO_2的寿命。

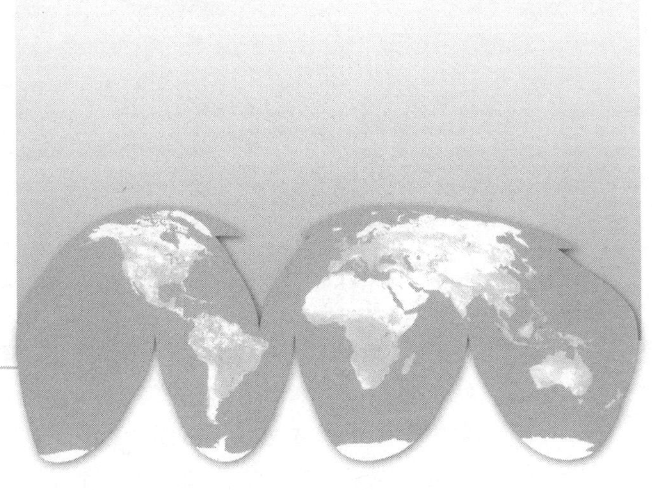

任何痕量气体浓度的变化都部分取决于其排放随时间是如何变化的。如果排放随时间增加，那么痕量气体在大气中的浓度将随时间升高，无论其在大气中的寿命是多长。但是，如果采取了减排行动，痕量气体浓度的变化将不仅取决于排放的相对变化，而且还取决于其清除过程的相对变化。这里我们给出不同气体的寿命和清除过程在采取减排时是如何控制浓度变化的。

举例来说，图 19.1 给出了几种实验情形，说明未来三种情况下痕量气体的浓度是怎样响应所指定的排放变化的（这里用对强加于排放上的变化的响应来表征）。我们考虑在大气中没有明确寿命的 CO_2，具有明确长寿命（大约为 100 年）的某种痕量气体（如 N_2O），以及具有明确短寿命（大约为 10 年）的某种痕量气体（如 CH_4，HCFC-22 或其他卤烃）。对每一种气体给出了五种未来排放情形：排放稳定在当前水平，以及立即减排 10%，30%，50%和 100%。

CO_2（图 19.1a）的表现完全不同于有明确寿命的痕量气体。CO_2 排放稳定在当前水平有可能导致在21世纪以及更远的未来，大气中 CO_2 浓度继续增长；而对于寿命在百年左右（图19.1b）和十年左右（图19.1c）的气体，排放稳定在当前水平将分别导致其浓度在未来 200 年内和几十年内稳定在高于现在的某个水平上。事实上，只有在基本上完全没有排放的情形下，大气中 CO_2 的浓度才能最终稳定在一个不变的水平上。所有其他的中等 CO_2 减排情形都显示出，CO_2 的浓度因其在气候系统中与碳循环有关的特征交换过程而不断升高。

更明确地说，现在 CO_2 的排放速率大大超过了其清除速率，缓慢而不完全的清除意味着较少的到中等程度的减排不会使 CO_2 的浓度稳定下来，

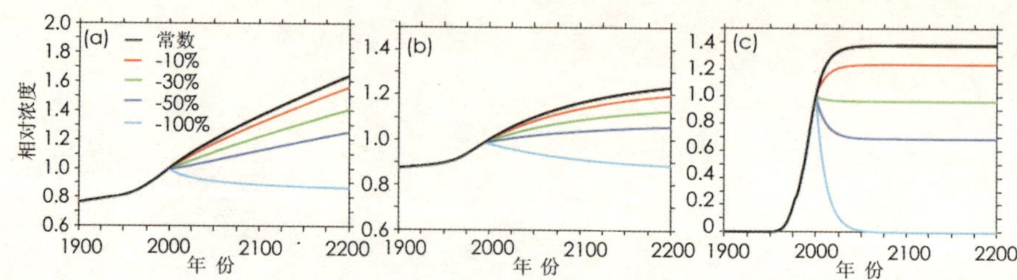

图19.1 (a) 模拟的大气 CO_2 浓度相对于当前排放的贡献，排放稳定在当前水平（黑线），以及比当前水平降低10%（红线）、30%（绿线）、50%（深蓝色线）和100%（浅蓝色线）；(b) 同图a，但痕量气体的寿命为120年，由自然通量和人类活动通量驱动；(c) 同图a，但痕量气体的寿命为12年，仅由人类活动通量驱动

而只是在未来几十年内降低其增长的速率。预计 CO_2 减排10%有可能使其浓度的升高速率减少10%，而减排30%类似于使大气中 CO_2 浓度的升高速率减少30%。减排50%有可能使大气中的 CO_2 浓度稳定下来，但仅能稳定不到10年。之后，预计大气中的 CO_2 浓度会再次升高，因为随着大家所熟知的化学和生物过程的调整，陆地和海洋的碳汇减少了。据估计，CO_2 完全减排后将导致大气 CO_2 浓度在21世纪里缓慢下降，下降幅度约为40 ppm。

对于有明确寿命的痕量气体，情形则完全不同。对于寿命在百年左右的痕量气体（如 N_2O）来说，要把浓度稳定在当前水平上下，就需要减排超过50%（图19.1b）。恒定的排放会使其浓度在不到一个世纪的时间内稳定下来。

在短寿命气体的情形中，当前的清除作用约占排放的70%。在这种情形下，减排低于30%仍有可能使其浓度有短期升高，但与 CO_2 不同的是，其浓度将在20年内稳定下来（图19.1c）。这种气体的浓度水平的下降直接与减排量成正比。因此，在这个个例中，要使浓度稳定在显著低于当前的水平上，就要求这种痕量气体减排超过30%。完全停止排放将使寿命为十年左右的痕量气体在几十年之内回复到工业革命前的浓度水平。

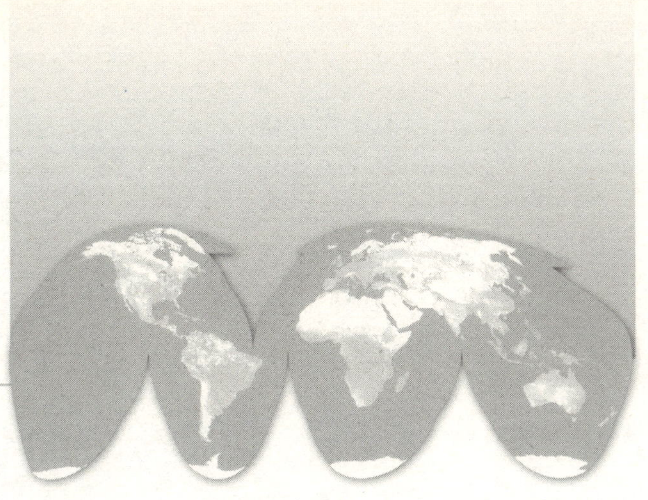

问题 20

预估的气候变化有地区差别吗？

气候在地区与地区之间是有差异的。这种差异是由太阳热量的不均匀分布，大气、海洋和陆地表面的不同响应，它们之间的相互作用，以及各个地区的物理特征所造成的。导致全球变化的大气成分扰动会影响这些复杂相互作用的许多方面。一些人类引起的气候影响因子（又称“强迫”）在本质上是全球性的，而另一些因子则存在地区差别。例如，二氧化碳可以引起变暖，它在全球是均匀分布的，无论哪里是排放源；而能够抵消部分增暖的硫酸盐气溶胶（小粒子）的分布却存在地区差别。此外，对强迫的响应，一部分是由反馈过程控制的，这些反馈过程在不同的地区发生，与在那些强迫最大的地区所起的作用是不同的。因此，预估的气候变化也将存在地区差别。

对于考虑气候的变化将是如何影响某个地区的问题来说，纬度因子是首先应该考虑的。例如，尽管预计全球每个地方都会变暖，但预估的增暖幅度在北半球却通常从热带到极地是增加的。降水就更复杂了，但也有一些随纬度变化的特征。根据预估，在邻近极区的纬度带，降水将是增加的，而在邻近热带的许多地区，降水将是减少的（见图 20.1）；热带，特别是在热带太平洋地区，降水的增加将出现在雨季（如季风季节）。

相对于海洋和山脉的位置也是一个重要因子。通常，内陆地区预计比海岸带地区要更暖。降水的响应不仅对大陆的几何构造，而且对附近山脉的形状和气流方向都特别敏感。季风、温带气旋和飓风（台风）都在不同

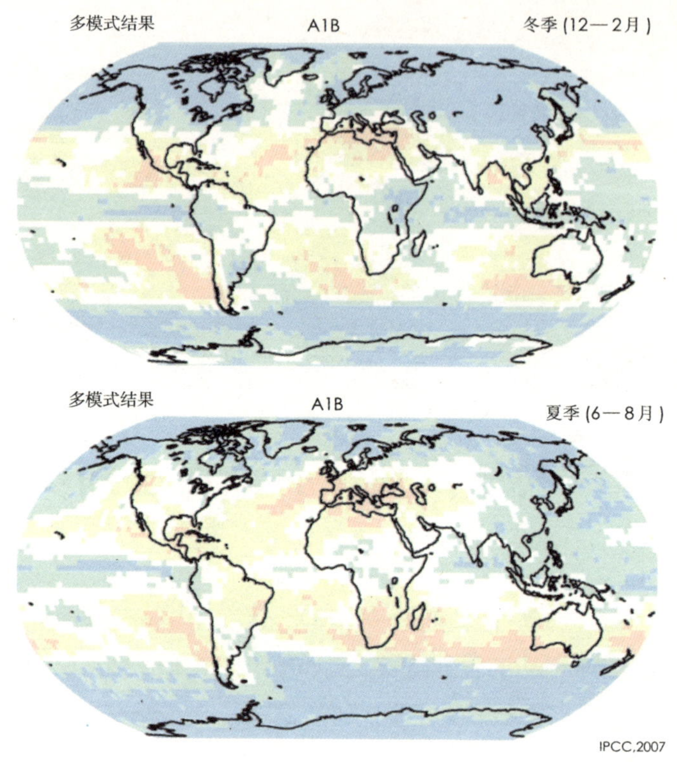

图20.1　地图上的蓝色和绿色地区是预估在本世纪末之前降水将要增加的地区，而黄色和粉红色地区是预估降水将减少的地区。上图预估时段为12—2月，而下图预估时段为6—8月

方面受到这些地区性特征的影响。

关于认识和预估区域气候的变化，最难的一些方面与大气和海洋环流的可能变化以及它们的变率分布型式有关。尽管在某些情形下可以对具有类似气候的许多地区给出一般的定性描述，但在某些方面，几乎每一个地区都有其独有的特征。这是确实存在的，不论是副热带地中海周围的海岸带、北美内陆的极端天气（它依赖于来自墨西哥湾的水汽传输），还是有助于控制撒哈拉沙漠南部边界的植被分布、海洋温度和大气环流之间的相互作用，都有其独特性，概莫能外。

尽管在了解全球和区域因子的确切平衡上还存在挑战，但人类对这些因子的认识正在不断深人，这增强了我们进行区域预估的信心。

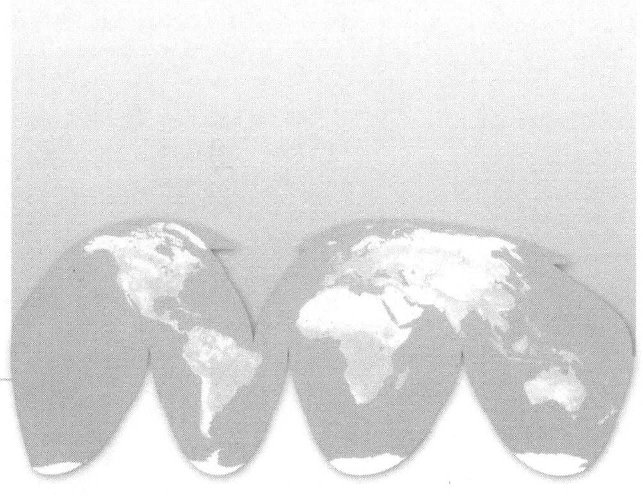

问题21

中国气候变化的主要特征是什么？

中国气候变化的主要特征体现在以下方面：

温度变化：近100年来中国年平均地表气温明显升高。升温幅度约为0.5~0.8 ℃，比同期全球平均值（0.6 ± 0.2 ℃）略强。在20世纪有两个增暖期，分别出现在20世纪20年代至40年代与20世纪80年代中期以后。近100年的增温主要发生在冬季和春季，夏季气温变化不明显。在最近的50年，中国年平均地表气温增加1.1 ℃，平均每十年增加0.22 ℃，明显高于全球或北半球同期平均增温速率。北方和青藏高原增温比其他地区显著。西南地区出现降温现象，春季和夏季降温尤为突出。长江中下游地区夏季平均气温也呈降低趋势。由于气温升高，我国的气候生长季已明显变长，青藏高原和北方地区增长更多。

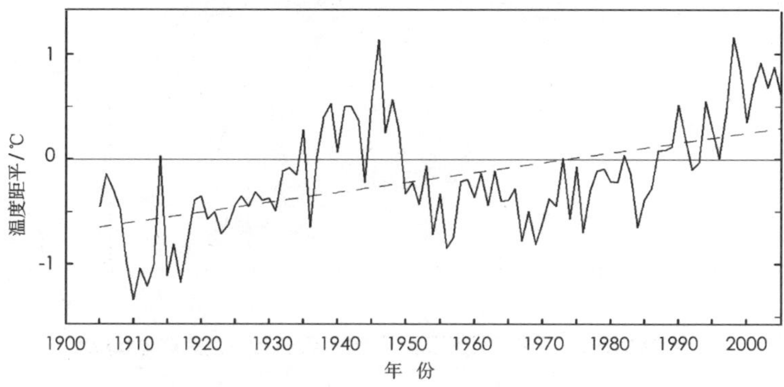

图21.1 中国年平均地面气温距平变化趋势（1905—2005年）（丁一汇等2007）

降水变化：近 100 年和近 50 年中国年降水量变化趋势不显著，但年代际波动较大。20 世纪初期和 30 年代至 50 年代年降水量偏多，20 年代和 60 年代至 80 年代偏少，近 20 年降水呈增加趋势。1990 年以来，多数年份全国年降水量均高于常年。从季节上看，近 100 年中国秋季降水量略为减少，而春季降水量稍有增加。近 50 年全国平均的年降水量同样没有呈现显著变化趋势，但降水量趋势存在明显的地区差别。从

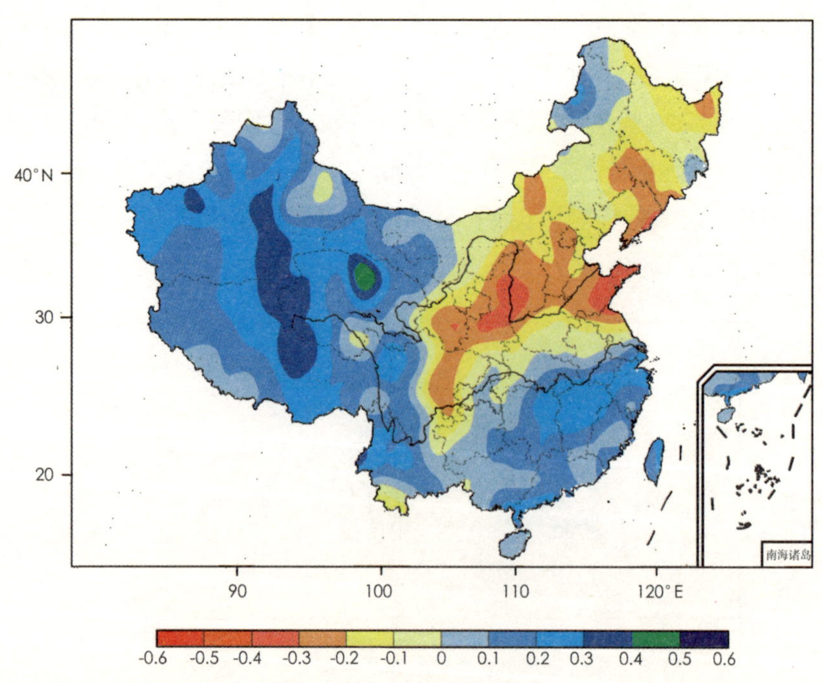

图 21.2　1956—2002 年间全国年降水量变化趋势（丁一汇等 2007）

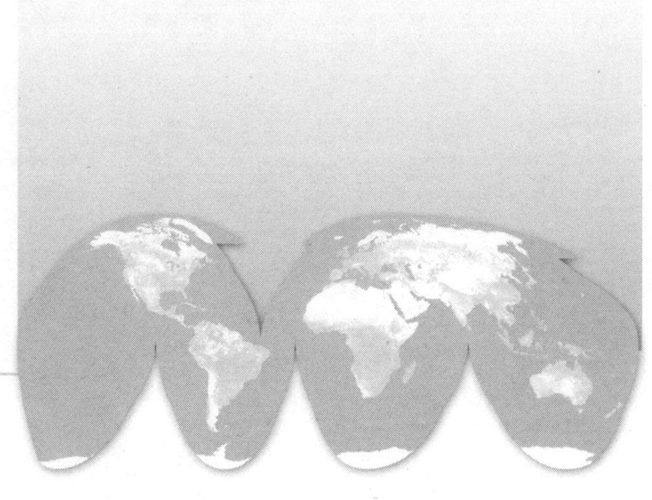

1956 年到 2000 年，长江中下游和东南地区年降水量平均增加了 60～130 毫米，西部大部分地区的年降水量也有比较明显的增加，东北北部和内蒙古大部地区的年降水量有一定程度增加；但是，我国华北、西北东部、东北南部等地区年降水量出现下降趋势，其中黄河、海河、辽河和淮河流域平均年降水量从 1956 年到 2000 年约减少了 50～120 毫米。

其他要素变化：近 50 年中国的日照时间、水面蒸发量、近地面平均风速、总云量均呈显著减少趋势。风速减少最明显的地区在中国西北地区。全国平均总云量在内蒙古中西部、东北东部、华北大部以及西部个别地点减少最为显著。全国平均日照时间从 1956 年到 2000 年减少了 5% 左右（约 130 小时）。日照时间减少最明显的地区是中国东部，特别是华北和华东地区；同期的年水面蒸发量（蒸发皿蒸发量）减少 6% 左右。 减少主要发生在 20 世纪 70 年代中期以后。水面蒸发量下降最明显的地区在华北、华东和西北地区， 其中海河和淮河流域年水面蒸发量从 1956 年到 2000 年下降了约 13%（约 220 mm）。

极端气候事件变化：近 50 年来全国平均的炎热日数呈现先下降后增加的趋势，近 20 多年上升较明显。自 1950 年以来，全国平均霜冻日数减少了 10 天左右，这与日最低气温比日最高气温升高更明显的事实是一致的。中国近 50 年来寒潮事件的发生频率显著下降。中国华北和东北地区干旱趋重，长江中下游流域和东南地区洪涝加重。与降水相关的极端气候事件变化具有明显的区域性。近 50 年来长江中下游地区和东南丘陵地区夏季暴雨日数增多较明显，西北地区强降水事件频率也有所增加。中国西北东部、华北大部和东北南部干旱面积呈增加趋势。

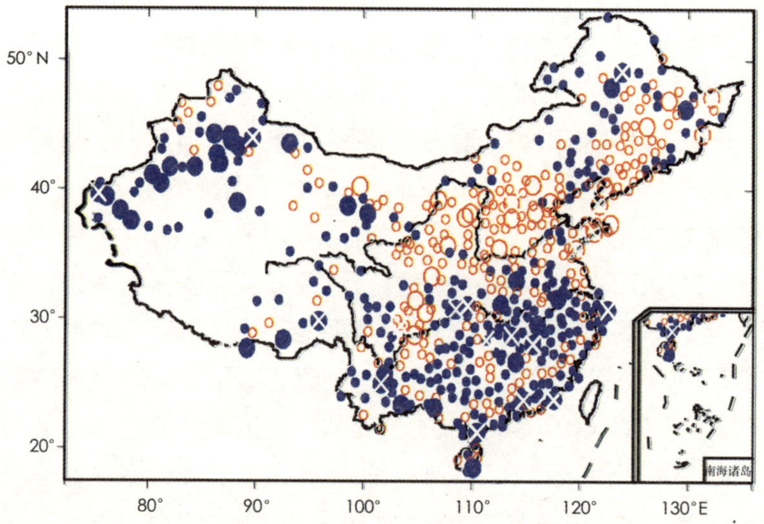

图21.3　近50年来中国大陆极端强降水日数的变化趋势(《中国气候变化国家报告》)（红色实心圆圈，增加趋势；蓝色空心圆圈，下降趋势；圆圈按半径大小分别为每10年变化7.5%以上，7.5%~2.5%，以及小于2.5%；显著变化的地区标有叉号）

20世纪90年代以来，登陆我国的台风数量呈下降趋势，近50年来东南沿海地区因台风造成的降雨量也有减少现象。我国北方包括沙尘暴在内的沙尘天气事件出现频率总体上呈下降趋势，但2006年的沙尘暴过程明显多于2005年，这一现象引起了科学家的关注。

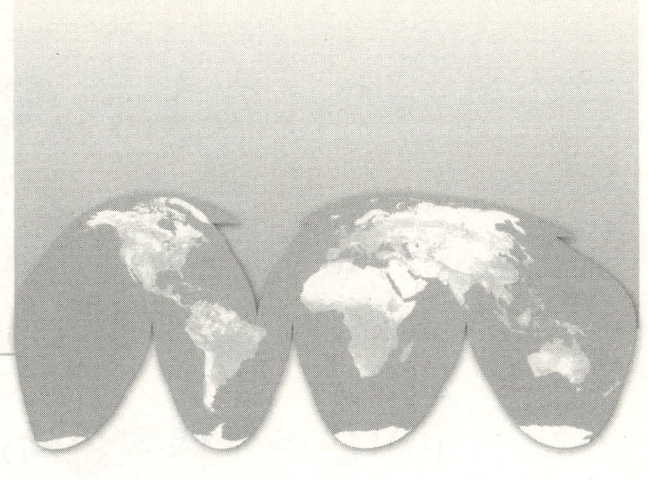

问题 22

中国地区的气候变化与全球相比有什么异同点？

中国气候变化是全球气候变化的区域响应，趋势基本相同，但也有差异。这是由于区域的气候强迫因子不同所造成的，但关于人类活动是造成近 50 年气候变化的主要因子这一结论是相同的。

近 100 年中国气温变化总的趋势与全球是一致的，并且比全球平均水平略高。变暖主要出现在冬季。对温室气体的观测表明，中国的温室气体浓度变化也与全球的代表性台站（如冒纳罗亚观象台[美]）一致。降水量从 20 世纪 50 年代中后期至今表现为增加趋势，也与全球情况一致。海平面上升的趋势和幅度与全球基本一致。其他一些气象与环境变量也大致表现出与全球一致的变化，如冰川退缩、极端天气与气候事件的发生频率与强度增加等。上述事实表明，中国的区域气候变化与全球气候变化有密切关联，作为气候系统的一部分，对全球整个气候系统变化的响应是十分明显的。

但中国的气候变化也表现出一些明显不同的特征，主要反映在三个方面：（1）中国 20 世纪 20 年代至 40 年代的增温十分明显，远大于全球和北半球平均值；（2）中国的降水表现出“南涝北旱”型，主要反映了由自然因素引起的年代际变化（70～100 年时间尺度）。（3）近 40 年，青藏高原冬春积雪的增加与欧亚春季积雪减少趋势也正好相反。原因尚不完全清楚。因而研究这些方面的差异及其原因将有助于深入了解中国气候变化的特点及机制。

问题 23

中国应对气候变化的政策是什么？

气候变化是国际社会普遍关心的重大全球性问题。中国作为一个负责任的发展中大国，对气候变化问题给予了高度重视，并根据国家可持续发展的战略要求，采取了一系列与应对气候变化相关的政策和措施，为减缓和适应气候变化做出了积极的贡献。

作为一个负责任的发展中大国，自 1992 年联合国环境与发展大会以后，中国政府率先组织制定了《中国 21 世纪议程——中国 21 世纪人口、环境与发展白皮书》，并从国情出发采取了一系列政策措施，为减缓全球气候变化做出了积极的贡献。主要的措施包括：(1)调整经济结构，推进技术进步，提高能源利用效率；(2)发展低碳能源和可再生能源，改善能源结构；(3)大力开展植树造林，加强生态建设和保护；(4) 实施计划生育，有效控制人口增长；(5)加强应对气候变化相关法律、法规和政策措施的制定；(6)进一步完善了相关体制和机构建设；(7)高度重视气候变化研究及能力建设；(8) 加大气候变化教育和宣传力度。2007 年6月，国务院又发布《中国应对气候变化国家方案》。

中国经济社会发展正处在重要战略机遇期。中国将落实节约资源和保护环境基本国策，发展循环经济，保护生态环境，加快建设资源节约型、环境友好型社会，积极履行《联合国气候变化框架公约》相应的国际义务，努力控制温室气体排放，增强适应气候变化的能力，促进经济发展与人口、资源和环境相协调。

中国应对气候变化的指导思想是：全面贯彻落实科学发展观，加快构建社会主义和谐社会，坚持节约能源和保护环境的基本国策，以控制温室

气体排放、增强可持续发展能力为目标，以保障经济发展为核心，以节约能源、优化能源结构、加强生态保护和建设为突破口，以科学技术进步为依托，不断提高应对气候变化的能力，为保护全球气候做出新的贡献。

中国应对气候变化要坚持以下原则：在可持续发展框架下应对气候变化；减缓与适应并重；将应对气候变化的政策与其他相关政策有机结合；依靠科技进步和科技创新；遵循《联合国气候变化框架公约》规定的“共同但有区别的责任”原则；积极参与、广泛合作。

中国应对气候变化的总体目标是：控制温室气体排放取得明显成效，适应气候变化的能力不断增强，与气候变化相关的科技与研究水平取得新的进展，公众的气候变化意识得到较大提高，气候变化领域的机构和体制建设得到进一步加强。

中国应对气候变化的相关政策和措施：按照全面贯彻落实科学发展观的要求，中国将采取一系列法律、经济、行政及技术等手段，大力节约能源，优化能源结构，改善生态环境，提高适应能力，加强科技开发和研究能力，提高公众的气候变化意识，完善气候变化管理机制，努力实现《中国应对气候变化国家方案》提出的目标和任务。

问题 24

中国在应对气候变化中采取的基本立场是什么？

（1）缓温室气体排放。减缓温室气体排放是应对气候变化的重要方面。按照“共同但有区别的责任”原则，《联合国气候变化框架公约》的附件一缔约方国家应率先采取减排措施。发展中国家由于其历史排放少，当前人均温室气体排放水平比较低，其主要任务是实现可持续发展。中国作为发展中国家，将根据其可持续发展战略，通过提高能源效率、节约能源、发展可再生能源、加强生态保护和建设、大力开展植树造林等措施，努力控制温室气体排放，为减缓全球气候变化做出贡献。

（2）适应气候变化。适应气候变化是应对气候变化措施不可分割的组成部分。过去，适应方面没有引起足够的重视，这种状况必须得到根本改变。国际社会今后在制定进一步应对气候变化的 法律文书时，应充分考虑如何适应已经发生的气候变化问题，尤其是提高发展中国家抵御灾害性气候事件的能力。中国愿与国际社会合作，积极参与适应领域的国际活动和法律文书的制定。

（3）技术合作与技术转让。技术在应对气候变化中发挥着核心作用，应加强国际技术合作与转让，使全球共享技术发展所产生的惠益。应建立有效的技术合作机制，促进应对气候变化技术的研发、应用与转让；应消除技术合作中存在的政策、体制、程序、资金以及知识产权保护方面的障碍，为技术合作和技术转让提供激励措施，使技术合作和技术转让在实践中得以顺利进行；应建立国际技术合作基金，确保广大发展中国家买

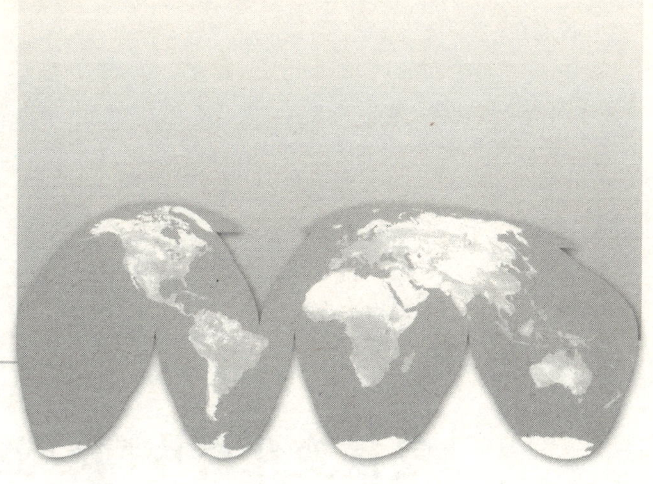

得起、用得上先进的环境友好型技术。

（4）切实履行《联合国气候变化框架公约》及其《京都议定书》的义务。《联合国气候变化框架公约》规定了应对气候变化的目标、原则和承诺，《京都议定书》在此基础上进一步规定了附件一国家2008—2012年的温室气体减排目标，各缔约方均应切实履行其在《联合国气候变化框架公约》和《京都议定书》下的各项承诺，发达国家应切实履行其率先采取减排温室气体行动并向发展中国家提供资金及转让技术的承诺。中国作为负责任的国家，将认真履行其在《联合国气候变化框架公约》和《京都议定书》下的义务。

（5）气候变化区域合作。《联合国气候变化框架公约》和《京都议定书》设立了国际社会应对气候变化的主体法律框架，但这绝不意味着排斥区域气候变化合作。任何区域性合作都应是对《联合国气候变化框架公约》和《京都议定书》的有益补充，而不是替代或削弱，目的是为了充分调动各方面应对气候变化的积极性，推动务实的国际合作。中国将本着这种精神参与气候变化领域的区域合作。

问题 25

气候变化对中国农业有何影响？中国将采取哪些应对措施？

气候变化对农业的影响取决于气候变暖的程度。在温度增加不大的变暖条件下，其影响是有利有弊的，随着温度的增加，将导致农业生产的不稳定性增加，局部干旱高温危害加重，由于气候变暖后作物发育期提前，使春季霜冻的危害加大。内蒙古草原区春旱加剧，生产力下降。气象灾害造成的农牧业损失加大。如果不采取适应措施，到 2030 年，我国种植业生产能力在总体上可能会下降 5%～10%，其中小麦、水稻和玉米三大作物均以下降为主。2050 年后受到的冲击会更大，主要作物产量和品质将进一步下降，病虫害加重，肥料和水分的有效性降低，农业使用的化肥和灌溉水量将增加，生产成本将提高。

农业及生态系统是适应气候变化的重点和优先领域。这包括不断提高农业对气候变化的应变能力和抗灾减灾水平；选育抗逆品种，采用稳产增产技术；发展包括生物技术在内的新技术；科学地调整种植制度，适应气候变暖。

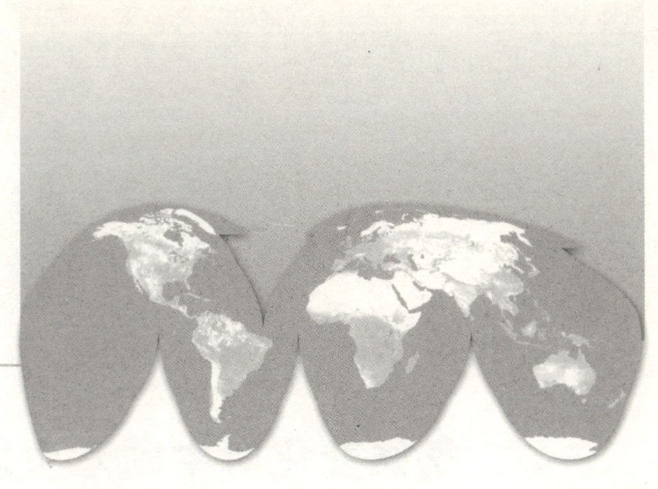

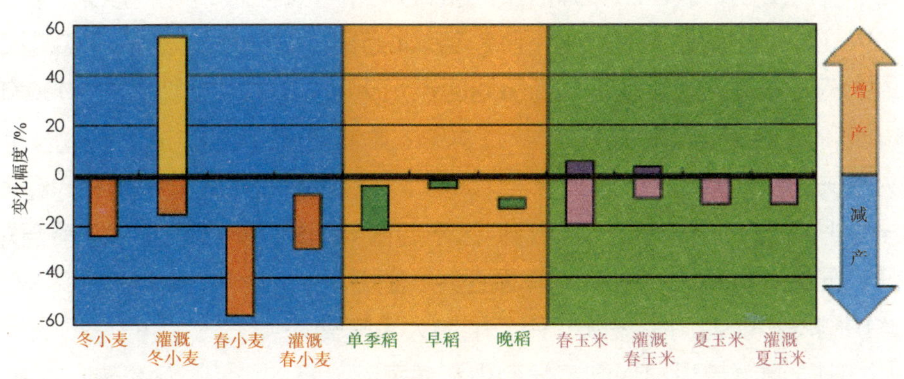

图25.1　到2030年，中国种植业产量可能会减少5%~10%，三大主要作物产量均以减产为主（温度升高、旱涝加剧、水资源短缺等）（引自《气候变化的科学、影响与对策》）

问题 26

气候变化对中国水资源有何影响？中国将采取哪些应对措施？

气候变化对我国水资源产生了重大影响。20 世纪 50 年代以来，我国六大江河的实测径流量都呈下降趋势，北方部分河流发生断流，下降幅度最大的是海河流域。同时，局部地区洪涝灾害频繁发生，特别是 1990 年以来，长江、珠江、松花江、淮河、太湖、黄河均连续发生多次大洪水，洪灾损失日趋严重。预计未来50～100年，北方地区的部分省份年平均径流深度将减少2%～10%，而南方地区平均增幅却将达24%，北方水资源短缺状况还将继续。预计 2050 年西部冰川面积将比20 世纪中期减少27%，冰川融水将使河川径流季节调节能力大大降低。

中国海岸带极易受到气候变化和海平面上升的影响。风暴潮、洪水、强降水等极端天气事件和干旱等极端气候事件是海岸带地区致灾的主要原因。黄河三角洲、长江三角洲、珠江三角洲最为脆弱。预计未来海平面将继续上升，海岸侵蚀将加重，咸潮海水入侵将加剧，三角洲增长减缓甚至衰退，沿海淹没范围将扩大。另外，由于暴雨和高温极端天气气候事件的增多，也会导致江河湖泊污染事件发生的可能性增加，明显影响水资源的利用和管理。

水资源的适应问题也是优先考虑的一个领域，它包括在经济发展中考虑水资源的承载能力；促进全社会节水，充分利用大气降水；发展人工增雨技术，合理开发利用空中水资源；建设淡水调蓄工程，提高水资源供给的应变能力；加强水资源变化的监测和水资源变化规律的研究。

在海岸带地区要加强对海平面上升的监测和预警；修订规划和有关环

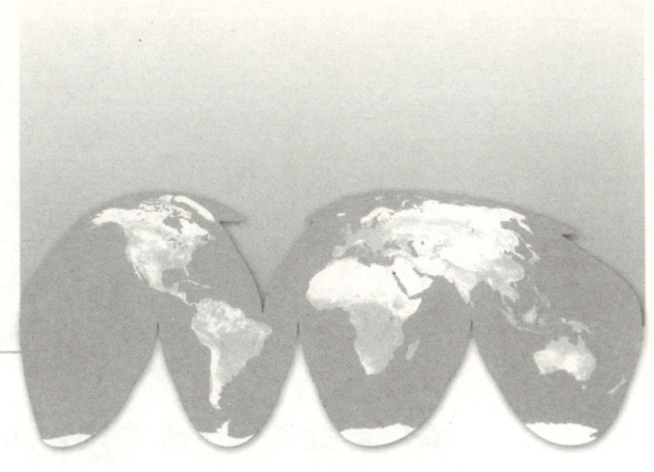

引自秦大河等《中国气候与环境演变》

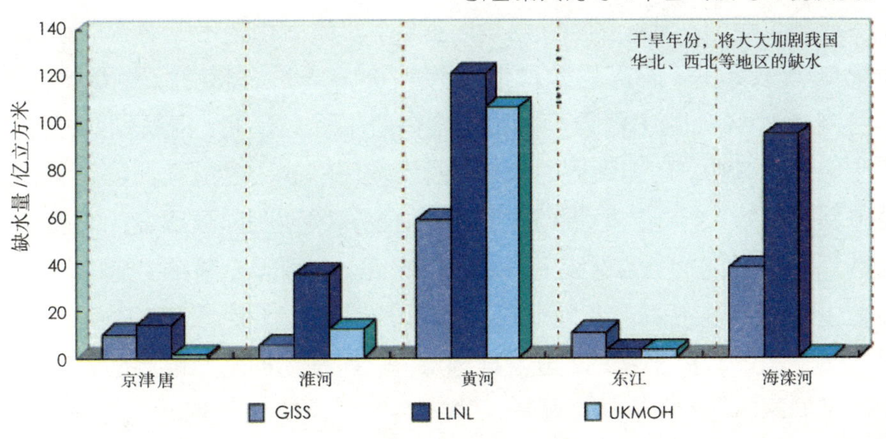

图26.1　2030年中国部分流域可能增加的缺水量
（不同颜色的直方图为不同的模式结果）

境建设标准；修建坝堤等防护工程设施，制定生态系统保护措施；落实对海岸带加强管理和保护的职责；控制沿海陆地沉降，沿岸带陆地表面的沉降也可导致相对海平面的升高。

问题27

气候变化对中国林业有何影响？中国将采取哪些应对措施？

观测表明，中国东部物候期有所提前，亚热带和温带的北界北移。20世纪60年代以来，祁连山地森林面积减少16.5%，林带上升400米，覆盖度减少10%。四川草原产量和质量有所下降。东北、青海和西南地区的湿地面积减少，功能衰退。未来，各气候带的北界会继续北移，干旱区范围可能扩大，湿润区范围可能缩小；植物物候期会显著改变；高原山地温性荒漠将增加；山地雪线上升，冰川退缩，高原湖泊萎缩，生物灾害频发和生物多样性锐减，水土流失，土地侵蚀加剧，泥石流增加等。

林业的适应措施包括：进行种源选择，提高物种的气候适应性；扩大自然保护区的数量和面积，保护天然次生林和原始林及森林生物多样性；继续提倡植树造林，扩大绿化面积，加强森林火灾预防及病虫害防治。

对于草地，退耕还牧，恢复草原植被，增加草原的覆盖度，提高草原保土作用，防止荒漠化进一步蔓延。以草定畜、控制草原的载畜量是扭转当前过度放牧、草场严重超载以及恢复草原植被的最有效途径之一。建设人工草场，考虑气候变化对不同牧草的生物量的影响，选择耐高温抗干旱的草种并注意草种的多样性，避免草场退化。

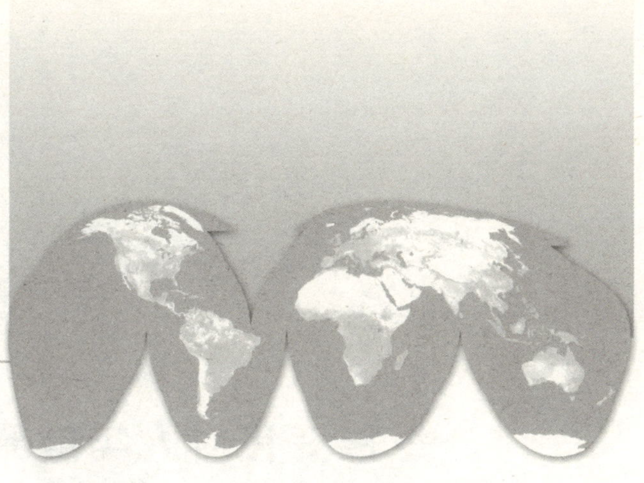

问题 28

气候变化对中国有关重大工程有何影响？

气候变化对中国的有关重大工程可能产生一定影响。气候变化可能增加长江流域上游的降水，引发三峡库区泥石流、滑坡等地质灾害。气候变化对南水北调工程的影响不大，但气温升高对南水北调东线水质的影响不可忽视。未来青藏高原有可能变暖，青藏铁路和公路沿线多年冻土会进一步退化，可能会影响某些地段铁路路基的稳定性（图 28.1）。气候变化对我国六大林业重点工程的影响有利也有弊，某些树种的生长率将提高，但部分工程区内的宜林荒地和退耕地可能逐步转化为非宜林地，“三北”地区、太行山、干旱干热河谷地区的环境可能会变得更为恶劣，造林更为困难。

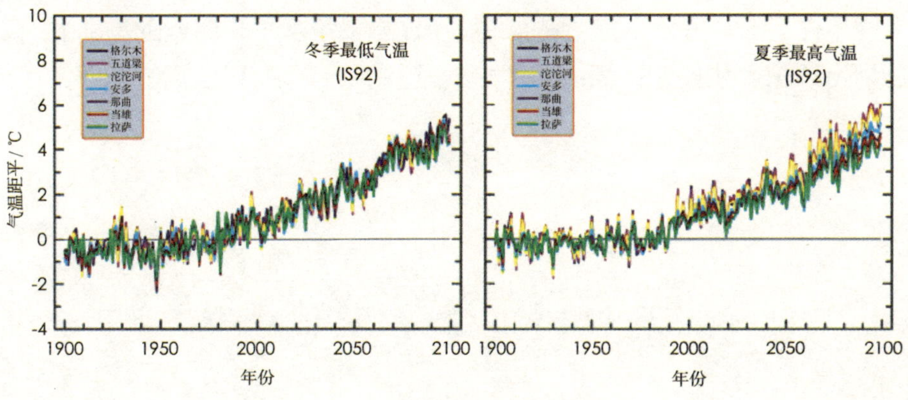

图 28.1　青藏铁路沿线温度的变化

问题29

气候变化对人类健康有何影响？中国将采取哪些应对措施？

气候变化将增加疾病发生和传播的机会，危害人类健康。气候变暖对虫媒性疾病的发生和发展将产生很大影响，洪涝灾害后，感染性腹泻如霍乱、痢疾、伤寒、副伤寒增加。某些疾病与极端气候事件有关。预计气候变化将增加心血管病、疟疾、登革热、中暑等疾病发生的程度和范围。另外，气候变暖将加剧未来我国夏季制冷电力消费的持续增长趋势，对保障电力供应带来更大的压力。

我国政府高度重视加强制定人类健康的适应对策和措施。包括加强公共卫生基础设施建设，改进、建立更有效的早期预警监视和紧急反应系统，确保对公众健康可能具有重大影响的疾病进行积极监视，有效防止许多疾病和公共卫生问题因气候变化而恶化、加剧；进一步了解极端天气和气候事件与流行性疾病之间的联系，在提高预警水平和时效的基础上，实施可持续防御和控制计划；研究防御、控制和治疗疾病所需的医疗技术。

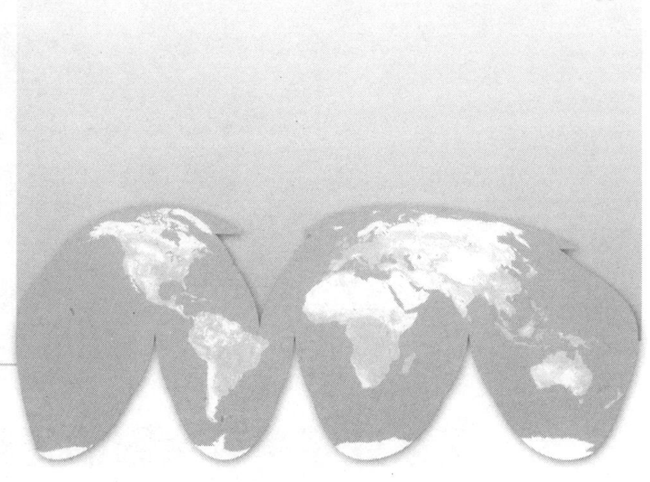

问题30

气候变化对自然生态系统有何影响?

一些自然生态系统因其适应能力有限，对气候变化特别脆弱，受气候变化影响更为严重，有些系统甚至会遭受重大的、不可逆转的危害。气候变化可能使某些物种的生存范围和数目增加，同时也将使某些更脆弱的物种灭绝和生物多样性锐减的风险增大。不同部门、不同地区在气候变化中也表现出不同的脆弱性，这主要取决于其适应气候变化的能力。

问题 31

气候变暖是否会影响青藏高原的多年冻土？是否影响到青藏铁路的长期安全运营？

气候变化对青藏铁路建设及长期安全运营的影响也是科学家和社会各界关注的焦点问题。全球性气候变化给青藏高原的多年冻土带来了巨大影响。20世纪70年代到90年代，青藏铁路沿线的季节冻土、融区及岛状多年冻土的地温升高了0.3～0.5 ℃，连续多年冻土区年平均地温升高了0.1～0.3 ℃。青藏铁路穿越连续多年冻土区550千米，其中高温多年冻土约为275千米，与高含冰量冻土重叠的路段约为134千米；低温多年冻土约171千米，与高含冰量冻土重叠路段约为97千米。未来30～50年，青藏铁路沿线冻土环境对气候变化的响应明显，多年冻土区年平均地温升高，热稳定性将受到较大影响。预计到2050年，青藏高原冬季最低气温将升高3.1～3.4 ℃，夏季最高气温将升高1.8～3.2 ℃，温度高于−0.42 ℃的多年冻土将退化为季节性冻土，威胁青藏公路、青藏铁路的安全运营。

在青藏铁路的修建过程中，铁道部的专家们充分考虑了气候变暖的影响。他们根据气候学家的预测，并参考其他高纬度国家的类似经验与教训，加强了冻土保护措施。因此，即使气候变暖更快、更显著，也会有应对措施，可保证铁路长期安全运营。为攻克高原冻土施工难题，早在1961年，我国就在青藏高原建起了高海拔地区冻土观测站，连续测取了1200多万个涵盖高原冻土地区各种气象条件和地温变化的数据。专家们根据

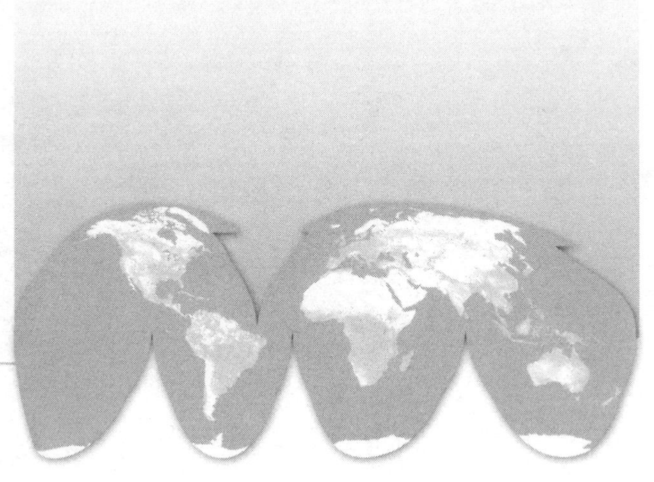

多方面的研究成果和国外的成功经验,创造性地采取了解决冻土施工难题的相应措施:对于地质复杂的冻土地段,铁路线路尽量绕避;对于不稳定冻土区的高含冰量地质区,采取“以桥代路”的办法通过。在青藏铁路施工中,还采用了多项技术设施,提高冻土路基的稳定性,使非冻土区工程质量达到国内先进水平。

问题32

中国是一个季风国家，影响中国的亚洲和东亚夏季风发生了什么变化？对中国的气候有什么重要影响？

大气环流中的盛行风系如果具有季节性持续稳定的风向，并随季节转换而出现明显反向，这种风就称为季风。全球季风区主要位于（北纬35°至南纬25°，西经30°至东经170°）地区，即非洲、亚洲和西太平洋的热带和副热带地区。这个地区包含亚洲季风区和非洲季风区，其中亚洲季风区范围最大，季风特征最明显。根据最近的研究，亚洲季风区又可分为印度或南亚季风区、东亚季风区与西太平洋季风区，它们之间既相互独立，又相互作用。

中国位于亚洲季风区，既深受季风活动的影响，同时也受到海洋（尤其是太平洋和印度洋）、复杂的大地形（如青藏高原）与陆面状况（如沙漠、森林、草地等）的影响。这些基本上都是自然因子的作用。亚洲季风对中国气候变化的作用主要表现在四个方面：(1)它是中国夏季（雨季）水汽的主要供应者，决定着中国主要季节雨带的进程与变化，也决定着中国东部能量和水分循环的基本特征和变化，对中国的水资源供应具有重大意义；(2)与印度夏季风不同，到达中国的西南和东南季风与中纬度冷空气和天气系统有强烈的相互作用，对中国东部地区的主要天气（如暴雨）与强对流天气（如台风）等有极其重要的影响。季风区产生的低频振荡在很大程度上也影响着中国降水的进程和异常，从而影响着中国天气气候事件

的发生频率与强度，与国民经济损失的大小密切相关；(3)亚洲季风的活动及演变与这个地区的生态系统变化有密切关系，季风的变化可以影响植被的变化，而植被的变化又可通过反照率、土壤温度和湿度的变化影响气候条件，而且季风与生态系统之间存在着明显的反馈机制；(4)亚洲季风作为热带地区的一个强大热源会在一些关键地区激发大气波动，然后通过遥相关作用影响北半球甚至南半球遥远地区的天气和气候，进而对全球气候变化产生重要影响。

季风最根本的特征就是盛行风向随季节转变。季风及季风区的天气、气候总是呈现出年循环变化规律。此外，亚洲季风还表现出多种时间尺度的变率，如天气尺度振荡、季节内振荡、年际变化、年代际变化等。

亚洲夏季风包括南亚夏季风和东亚夏季风系统，对中国夏季降水均有重要影响。我国处于东亚夏季风的直接控制之下，东亚夏季风的变化对我国夏季降水有重要影响。中国雨带一般随南海夏季风暴发而出现，随其撤退而结束，降水的强度和变率与其波动紧密相关。当夏季风北进时，其前沿和季风雨带相应地从低纬度移至高纬度。在此过程中，季风雨带经历了三个静止阶段和两次突然北跳。5月中旬，季风位于华南和南海，6月中旬到7月中旬位于北纬25°～30°，7月下旬到8月中旬位于北纬40°～45°，分别对应于华南前汛期雨季、长江中下游地区梅雨季节和华北、东北雨季。低纬西南季风及其水汽输送的强弱和位置是影响我国夏季洪涝灾害发生的重要因子，当西南季风将水汽输送到长江流域并在该地与冷空气相汇合时，长江流域往往出现强降水。

一般认为，亚洲季风区的年代际变化（11年，20年，30～40年，60～

80 年）是一个主要周期。大量研究揭示，1976 年前后大气环流场和北太平洋海面温度场均发生了突变。与上述突变相对应，东亚夏季风也发生了显著突变，强度明显减弱。1976 年以后，亚洲中高纬地区经向环流异常显著，来自高纬地区的东亚异常偏北气流可以抵达孟加拉湾、澳洲西北部和中西太平洋，从而使1976年以后东亚夏季风明显减弱，热带太平洋出现西风异常，夏季西太平洋副高强度偏强，位置偏南。与此同时，中国夏季降水分布型也有显著变化，1976 年以前，华北降水偏多，长江中下游降水偏少。1976 年以后，华北旱，长江涝，形成“南涝北旱”的降水分布格局。

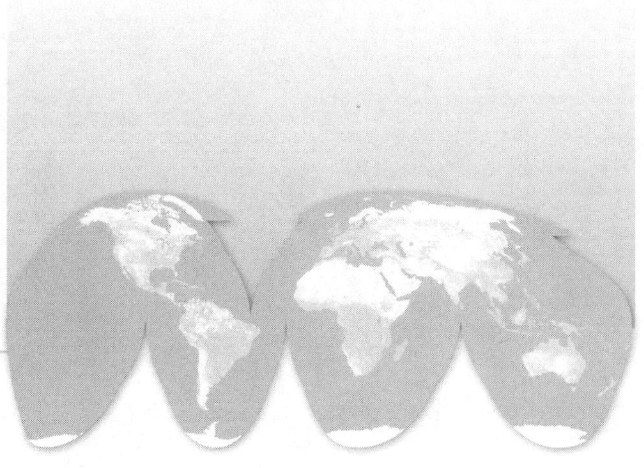

问题33

中国经济的迅速发展（包括城市化）对中国乃至全球气候变化有什么影响？

中国处在经济迅速发展时期，土地利用变化、人口增加和城市化进程加快对我国气候变化产生了重要影响。

20世纪90年代以后，中国科学家利用数值模拟的方法对土地利用/土地覆盖变化的气候效应进行了研究。他们发现，当植被由潜在类型转变为目前实际分布的状态时，夏季地表气温一般表现为上升，而降水量一般呈减少趋势。植被能在一定条件下改变潜在蒸发、地表径流、土壤水、地下水之间的分配。植被的存在有助于减少径流，增加保水能力，对全球气候变化有减缓作用。植被退化后由于区域内水分循环过程变弱，降水和蒸发量减少，地面温度升高，相应的地表感热通量和长波辐射通量增加，而潜热通量和吸收的太阳短波辐射减少；严重的区域植被退化还可导致降水和退化间的正反馈，使退化区不断向外扩展。数值模拟的结果还发现，区域性土地利用/土地覆盖变化还可以导致东亚季风环流的强度发生变化，这对我们这样一个典型季风气候国家来说尤显重要。

此外，重大的水利工程、生态建设工程和农牧业工程等也可以引起明显的区域性土地覆盖变化，并可能对气候造成一定影响。例如，南水北调工程实施后，东中西三条线附近的水环境、过湖水域和地表径流都会产生变化，北方受水区水资源的再分配、农业灌溉面积和灌溉用水量的变化，

都可能使沿线和受水区域的气候条件产生相应变化。我国20世纪80年代末陆续启动的重点生态建设工程，如天然林保护工程、防沙治沙工程、退耕还林还草工程、草地生态建设工程等，无疑也将对当地气候产生一定影响。重大生态建设工程的气候效应可能需要较长时间才能表现出来。重大工程建设对气候的影响可能是正面的，即优化气候资源、改善环境，如新安江水库建成后，当地气候和环境得到了改善；但也可能带来负面效应，导致气温、降水等气候要素发生不利的变化，如极端气候事件频发、气候资源退化。

高密度人口居住区域特别是城市化进程的不断发展，形成了城市复杂多样的土地覆盖格局，这种特殊的土地利用格局对局地气候也可产生显著影响。大部分城市地面已由植被变为由混凝土或沥青构成的道路面和屋顶面，受不透水下垫面独特热力特性的影响，形成了特有的局地气候——城市气候。随着城市的发展和城市面积的扩大，城市热岛等气候效应不断增强。

区域和城市大气污染及空气质量恶化是气溶胶引起的大气环境变化的重要方面。特大、超大型城市由于城市规模大、人口众多、生产生活活动频繁、能源消耗密集、污染物排放量大、排放强度相对集中，空气污染明显重于中小城市。空气中的主要污染物二氧化硫和颗粒物浓度超标的特大、超大城市比例明显高于中小城市。

城市上空气溶胶的浓度与城市热岛效应也有密切关系。空气污染物增加可引起局地低云量增多、城市大气降水量改变、能见度降低、城市雾增加等。城市吸湿性气溶胶较多，为低云的形成提供了充足的凝结

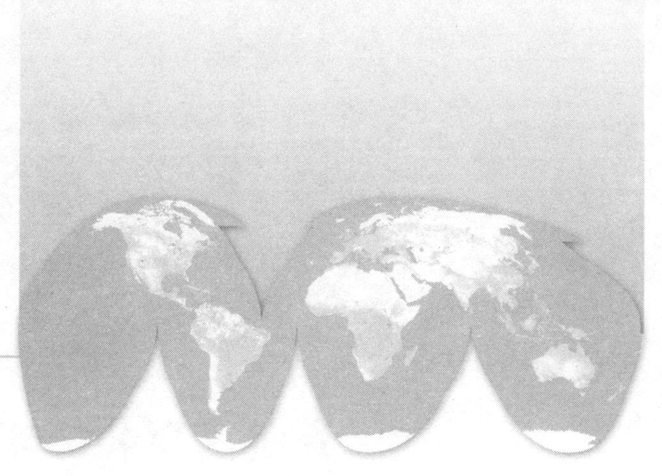

核，而城市热岛、城市下垫面粗糙度增加使湍流和对流加强，都为低云的生成提供了有利条件。当相对湿度大于35%时，少数气溶胶颗粒吸附水汽凝结增长。当相对湿度高于60%时，气溶胶吸附水汽能力明显增长，可引起消光系数增大。

中国的经济正处在快速发展时期，尤其是在能源结构上煤占68%左右的比例，因而，二氧化碳排放总量还会增加。有关专家预测，到2030年，中国二氧化碳和甲烷的排放量将跃居世界第一位，对全球气候变化带来重要影响。另一方面，中国排放的气溶胶也会有明显的增加，由此形成亚洲大气棕色云（ABC），这可能会影响大范围地区的旱涝分布，尤其是可能影响亚洲季风区乃至更大范围的天气与气候。

问题 34

青藏高原的环境变化对中国气候的影响如何?

青藏高原地势高耸，范围广阔，作为一个抬升的巨大热源（汇），给大气输送了大量的热量和水汽，其热力和动力作用强烈影响着东亚乃至全球的大气环流。青藏高原对大气的加热作用在夏季风环流的形成、暴发和维持过程中起着重要的驱动作用；高原动力、热力效应亦是长江流域季风梅雨带水汽输送机制的关键因素之一，根据初步计算结果，20 世纪 80 年代以来，青藏高原中、东部热源呈减弱趋势，此结论与东亚季风年代际减弱的特征比较吻合。高原大气热源的年代际尺度变化亦在更大范围影响亚洲季风变化的特征。

高原通过近地面层及边界层辐射、感热和潜热的输送形成了一个大范围“台地”型特殊热力强迫，构成了促使对流云发展的独特边界层动力、热力机制，有利于形成频发的高原对流云，使高原及其东部周边地区成为中国东部夏季洪涝对流云系统的重要源地之一。青藏高原低涡的发生、发展和东移是我国南方汛期降水的重要天气系统。

高原雪盖和冰川对长期天气和气候有很重要的影响，青藏高原冬、春季积雪异常增多会导致随后夏季风减弱，并进而影响中国降水分布的变化。与冰雪密切相关的高原地表大范围反射率变化能够引起东亚乃至更大范围区域的气候变异。统计研究表明，青藏高原地区冬春季积雪多（少）对应着初夏 6 月份长江中下游以北的降水增加（减少），以及华南、青藏高原及长江上游地区的降水减少（增加）。就夏季 6—8 月总降水量

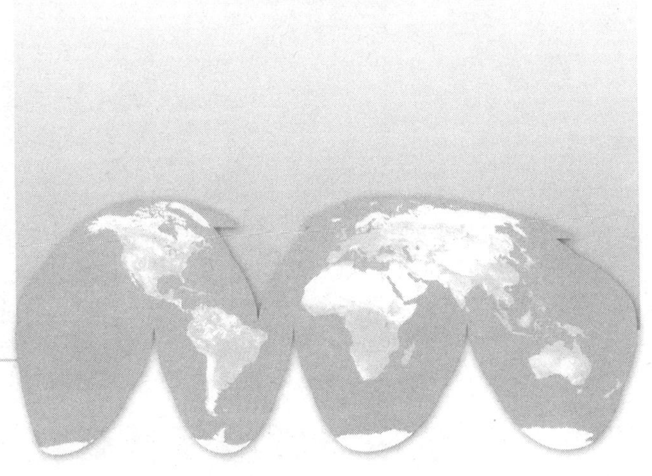

而言，青藏高原春季4月加热与夏季中国江淮流域的降水呈现出明显正相关，而与我国华南和华北地区的降水有显著负相关。

地处青藏高原东北部的三江源地区是长江、黄河和澜沧江的发源地，是青藏高原最为重要的水源涵养区，直接关系着下游地区的经济社会发展和数亿人民的用水问题。近几十年来，在全球变化和人类活动的综合影响下，三江源地区的生态环境发生了明显变化，近50年，三江源地区明显变暖，冰川退缩，湖泊水位下降，湖泊湿地面积日益减少，源头水量逐年减少，河流湿地呈现萎缩，沼泽湿地大面积缩小，水源涵养功能下降，草场退化、土地沙化加剧，生物多样性受到威胁和破坏，水土流失日趋严重等。三江源地区的生态环境变化对青藏高原的气候与生态环境产生了重要影响。

问题35

适应与减缓气候变化的措施有哪些?

气候变化对人类与自然系统有重要影响，这包括粮食和水资源、生态系统和生物多样性、人类居住与人类健康等，以后还必然影响经济社会的发展途径和道路，这包括经济增长、技术进步、人口增长和管理与治理状况。为了减少气候和环境变化的恶化趋势，必须采取适应与减缓措施，主要是减少温室气体排放，使其和气候变化、人类自然系统、经济社会发展达到一种良性循环的状况，促进人与自然的和谐，实现经济社会可持续发展以及《联合国气候变化框架公约》的最终目标，即“将大气中温室气体的浓度稳定在防止气候系统受到危险的人为干扰的水平上。这一水平应当在足以使生态系统能够自然地适应气候变化、确保粮食安全生产免受威胁并使经济发展能够可持续地进行的时间范围内实现”。

气候变化适应的含义包括两个方面：一是适应性，它是指自然生态（也包括社会经济）系统的功能、过程和结构对实际发生的气候变化调整的可能程度。适应可以是自然的，也可以是有计划的，可以是对现实变化的反应，也可以是未来气候变化的对策；二是适应能力，这是指一个系统、地区或社会适应气候变化影响的潜力或能力。决定一个国家或地区适应能力的主要因素有经济财富、技术、信息和技能、内部结构、机构以及公平。适应能力强可以减少脆弱性，从而减少气候变化的不利影响，甚至能产生直接的正面效益。

人类要适应环境或气候的变化是人类经过无数教训后的新理念。适应气候变化也是需要成本的，因此就有一个适应能力的问题，但几乎可以认定，适应对策是无悔对策，是双赢的战略。一般来讲，减少系统的脆弱

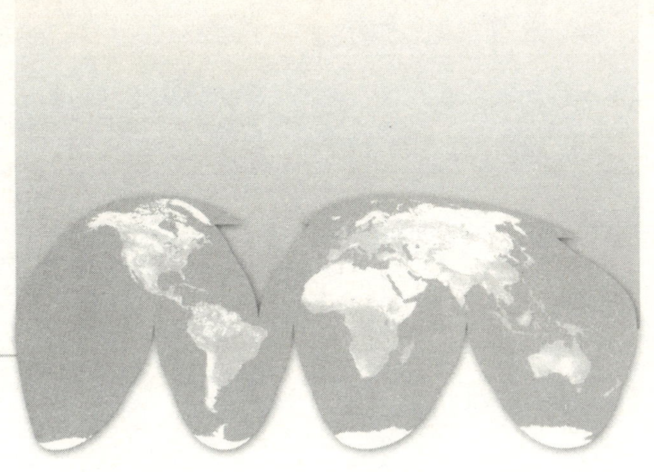

性与可持续发展的目标是一致的。适应能力是一个与可持续发展政策密切相关的概念。

随着世界经济不断增长，未来全球的能源需求将持续增长，因而从减缓气候变化的能源战略看，应优先考虑节能，其次是考虑发展清洁能源，优化和调整能源结构，实施煤的清洁利用，促进科技发展，开发先进技术，发展循环经济。其中技术发展以及政策措施、社会行为变化等可以明显降低能源需求，从而达到减少温室气体排放的目的。先进技术的开发和应用是减少排放的最有效手段，这方面的工作一直在进行，这些技术大多集中在提高矿物燃料或电力的利用效率，以及低碳能源的开发，它包括大规模可再生能源技术（太阳能、风能、生物质能、水电）、先进清洁煤技术、燃料电池技术、先进核电技术、先进天然气发电技术、非常规能源利用技术、合成燃料利用技术、脱碳和碳封存技术等，特别值得提及的是碳封存技术，它在最近十几年间受到不少国家的重视，有了迅速的发展，包括三种封存方式：自然碳封存、地质碳封存和海洋碳封存。自然碳封存是指增加陆地生态系统对二氧化碳的吸收，以此把二氧化碳固定在土壤中，如限制砍伐森林、植树造林是其中最有效的方式。地质碳封存是把二氧化碳排放源（如油井、火力发电厂、化工厂等）排放的二氧化碳捕获和分离，然后注入密闭的矿井或很深的地质结构层中。海洋碳封存主要是在海面通过播撒一些矿物质（如铁元素）激活浮游生物，增加其对二氧化碳的吸收，以后在这些浮游生物大量死亡后，以有机碳形式通过生物泵沉入海底，不再参加地球上的碳循环。

中国作为发展中大国，在应对气候变化问题上面临严峻的挑战。一方

面中国生态环境脆弱，人均资源占有量低，极易受到气候变化的不利影响；另一方面中国人口多，经济发展水平低，在今后相当长的时期内，发展经济、改善人民生活仍是首要任务。据估算，中国 2000 年矿物燃料产生的二氧化碳排放量为8.7亿吨碳，约占世界总排放量的13%，但人均二氧化碳排放量仅为 0.65 吨碳，相当于世界平均水平的 61%，经济合作发展组织（OECD）国家人均排放量的21%。由于中国大力推进节能、促进能源结构调整、积极调整产业结构、推进技术进步，从1990年到2000年，中国国内生产总值（GDP）的二氧化碳排放强度下降了45%。但是目前，中国主要高能耗产品的能源单耗比国际先进水平仍平均高出 40% 左右，GDP 能源强度更是高达 OECD 国家的3.8倍，这两个比较结果，除了说明实施技术节能仍有较大潜力之外，更说明中国产业结构不合理，产品附加值低，在产业结构的国际分工中处于价值链的低端，与发达国家相比，在能源利用产出效益上的差距远大于在能源技术效率上的差距。因此，中国在大力提高能源转换和利用效率的同时，要更加注重转变经济增长模式，推进国民经济产业结构的战略性调整，提高经济发展的质量和效益，从而降低 GDP 能源强度，减缓碳排放。中国面临开拓新型发展模式的重大挑战。

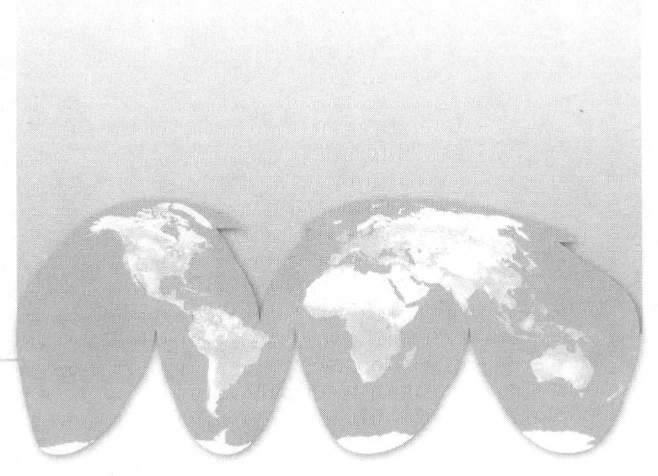

问题 36

中国参与了哪些应对气候变化的国际行动？这些国际行动是谁发起的？

科学界对于人类活动可以影响气候变化的认识虽然有长期的历史，但国际上采取实质性的应对行动是近20多年的事。在这个过程中有四项重大行动具有历史意义：(1)1979年召开的第一次世界气候大会在其发表的宣言中提出，如果大气中的二氧化碳在未来仍像现在这样不断增加，则气温的上升到20世纪末将达到可测量的程度，到21世纪中叶将会出现显著的增暖现象。这个科学的断言不仅引起了世界科学界的普遍关注，而且也引起了不少政府的注意。(2) 1985年10月，国际科学联合会、联合国环境署、世界气象组织共同召开奥地利菲拉赫会议。会议提出，如果大气中二氧化碳和其他温室气体的浓度以当前的趋势继续增加的话，到21世纪30年代，二氧化碳的含量可能是工业化前的2倍，在这种情况下，全球平均温度可能升高1.5～4.5℃，同时海平面可能上升0.2～1.4米。菲拉赫会议要求尽快评估未来气候状况。(3) 1988年12月联合国第43届大会通过了《为人类当代和后代保护全球气候》43/53号决议，决定在全球范围内对气候变化问题采取必要的和及时的行动，并要求当时成立不久的政府间气候变化专门委员会（IPCC）就全球气候变化现状进行综合评估，并对未来的国际气候公约提出建议。(4) 1992年6月在联合国环境与发展大会期间，153个国家正式签署了《联合国气候变化框架公约》。公约于1994年3月21日正式生效。公约是一个原则性的框架协议，规定了发达国家缔约方于

2000年将其温室气体排放稳定在1990年的水平上，没有涉及2000年以后的排放义务。为此，公约缔约国决定1997年在日本京都召开的第三次缔约国大会上制定具体政策和措施。这就形成了《京都议定书》。该议定书规定附件1国家（主要是发达国家）在2008—2012年的减排“承诺期”内，应将二氧化碳等六种温室气体的减排总量在1990年的排放水平上至少要减少5%。经过长达8年的艰苦谈判，《京都议定书》终于在2005年2月16日生效。从此在法律上规定了全世界共同为保护全球气候而必须采取的减排行动。气候变化也从最初的一个科学问题演变成科技、环境、外交、法律和政治问题。它深刻地影响着国际社会的各个重要方面。

中国政府和科学家对国际气候变化的科学和政治、外交动态表现出了高度敏感性，积极参加了上述全面应对气候变化挑战的国际活动。中国科学家在IPCC活动及重大气候变化科学计划的实施中发挥了重要作用。

政府间气候变化专门委员会(The Intergovernmental Panel on Climate Change，IPCC)建立于1988年，该委员会成立的主要目的是对全球气候变化各个方面的认识进行评估。IPCC在世界气象组织(WMO)和联合国环境署(UNEP)的共同支持下组建，并成立了三个工作组。第一工作组的任务是讨论气候系统和气候变化的科学问题；第二工作组讨论对气候变化的脆弱性影响问题；第三工作组讨论减缓气候变化的各种对策问题。

自1990年以来，IPCC相继组织世界上各学科领域的专家编写和出版了1990年气候变化第一次评估报告、1995年气候变化第二次评估报告、2001年气候变化第三次评估报告和2007年气候变化第四次评估报告。这些报告评估了气候变化科学进展、气候变化的社会经济影响、减缓与适应对策等方面的进展，为联合国环境与发展大会的召开，特别是为《联合国

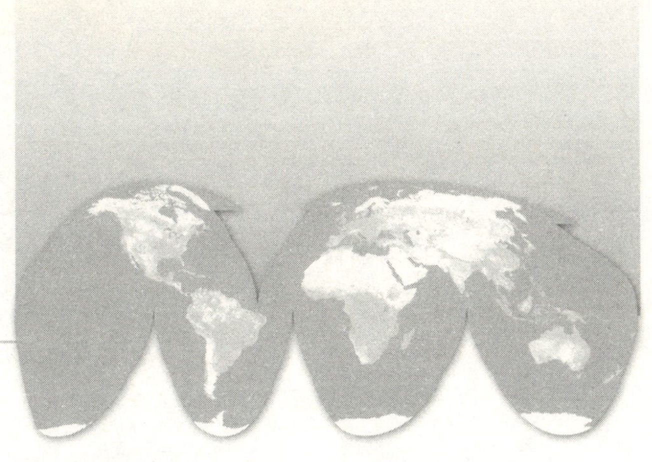

气候变化框架公约》的制定，提供了重要的科学支持。邹竞蒙、丁一汇、秦大河曾先后担任IPCC首席代表、第一工作组副主席、第一工作组联合主席等职务，秦大河为现任第一工作组联合主席。IPCC组建以来有100多名中国科学家参加了历次评估报告和相关的专题报告与技术报告的编写，为各国政府、科学家和科学团体提供最新的气候变化问题的知识与政策选择，为研究、认识和应对全球气候变化做出了重要贡献。

气候变化问题既是全球性的，又是区域性的，但更重要的是全球性的，并且气候变化所体现的气候系统变化是外强迫作用以及多圈层相互作用的综合结果，其影响和适应与减缓对策又涉及到生态、环境、经济、外交、法律等部门，因而气候变化的研究与应对问题，必须有广泛的国际合作和多学科的交叉融合。这是通过国际上一些有关气候变化的重大计划来具体实现的。

中国科学家在世界气象组织（WMO）、政府间气候变化专门委员会（IPCC）、地球观测组织（GEO）、地球系统科学联盟（ESSP）、国际科学联合会（ICSU）等国际组织以及世界气候研究计划（WCRP）、世界天气研究计划（WWRP）等国际科学计划中都担任了重要职务，并积极参与了以下多项重大科学计划的实施：

（1）世界气候研究计划（WCRP）。WCRP建立于1980年，其主要科学目标是确定气候的可预报性以及人类活动对气候的影响。为实现此目标，WCRP跨学科组织了大规模的观测和模式研究计划，这是任何一个国家或单一学科所无法实现的。这些计划包括目前的能量与水循环计划（GEWEX）、气候变率与可预报性计划（CLIVAR）、气候与冰冻圈计划（CliC，由北极气候系统计划ACSYS演变而来）、平流层过程及其在气候中作用的计划（SPARC）、大洋环流计划（WOCE）和热带海洋

全球大气计划（TOGA）。这些计划的实施大大增加和改进了人类对气候系统及其相互作用的变化与可预报性的认识，奠定了季一年际气候预测的基础。WCRP 最近提出了长达 15～20 年的地球系统协调观测和预测计划（COPES），旨在促进地球系统变化的研究与预测，以广泛地服务于社会的防灾减灾和可持续性发展。

（2）国际地圈 - 生物圈计划（IGBP）。该计划于 1986 年建立，主要科学目标是研究控制整个地球系统的关键物理、化学和生物过程，了解支持生命系统的特殊环境与由人类活动引起的重大全球变化和影响方式。该计划在过去 20 几年中取得的主要成果表明，人类活动正以多种方式明显地改变着地球系统的环境，所造成的变化已经可以清晰地检测出来，其范围和影响在某些条件下可以超过自然的变率，就关键的环境参数而言，地球系统已经完全超过了过去 50 万年自然变率的范围。一些突变和不可逆的变化能够给地球系统带来灾难性后果。目前国际地圈 - 生物圈计划已进入第二阶段。在这个阶段，全世界将以更协调一致、更快速和更大规模的方式应对日益加剧的全球变化问题，尤其是不利影响，以实现未来地球系统的可持续发展。

（3）全球环境变化人类因素计划。该计划于 1990 年正式成立，其科学目标是在社会科学领域更好地了解导致全球环境变化的人类原因。

（4）国际生物多样性计划。该计划主要涉及外来入侵物种的防治、遗传资源的获取与惠益分享、转基因生物的环境安全等问题，为生物多样性保护和可持续利用提供科学依据。

上述四个国际计划又联合组成了地球系统科学联盟（ESSP），以从多方面、多层次研究地球系统的变化，其中气候变化是其中最主要的内容之一。

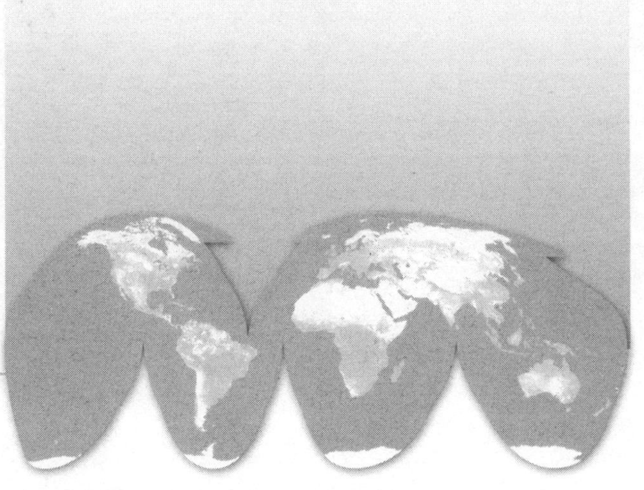

问题 37

在全球气候变暖的背景下，为什么某些时段和地区的温度反而有所下降，甚至会有严寒？

某个区域的变冷与全球变暖并不矛盾。温室气体浓度增加对气候的强迫是全球性的，但其他 的因素如自然因子、局地反馈及大气和海洋环流的区域变化能够在某些区域增强这种影响，同时在另外的区域减弱这种影响。例如，在北极的一些地区，如加拿大的北极区西部和西伯利亚显著增暖，尽管北极东部在过去 50 年也略有增温，但其中有些地区的温度有所下降。除这些区域性的变化外，北极区的平均温度还是明显升高，与近期模式预测结果一致。 同样，南极东部的一些地区在过去几十年中温度下降，但南极半岛却有显著增温。目前先进的气候模式能够很好地捕捉到这种区域性变化，模拟的区域变化与观测相近。

由于纬度和地形的差异，中国气候变化也表现出显著的地域差异性。就气温而言，中国气候变暖最明显的地区在西北、华北和东北地区，其中西北（陕、甘、宁、新）变暖的强度高于全国平均值。西南地区如四川和贵州则呈变冷趋势，但20世纪90年代后期开始有所回升，使得前40多年的降温趋势得到缓解。长江以南地区变暖趋势不显著。另外，尽管冬季平均气温变化趋势与年平均气温变化趋势一致，但夏季不少地区具有变冷趋势。就降水而言，东北北部、长江中下游地区及东南沿海一带降水明

显增多，华北大部、华东北部和东北南部降水呈明显下降趋势。中国西部降水量增长明显，其中新疆最为明显，但西南一些地区降水量趋于减少。

全球气候变暖造成了全球大气环流变化，其局地效应改变了区域气候。其中局地自然条件和人类活动是同等重要的两个方面。中国西北地区出现增暖变湿趋势与北半球同纬度地区的总体趋势相同；但中国东部尤其是华北地区的暖干化趋势与北半球同纬度增暖变湿的趋势相反；另外，中国西南地区的冷干与北半球同纬度的一些陆地地区如美国东南部也比较类似。我国长江流域的夏季冷湿与北半球同纬度相比则显得不同。

在全球气候变暖的条件下，也会在暖冬季节出现寒冷的时段，如2004年12月底和2005年1月初，以及2008年1月中旬至2月上旬我国都出现了这种持续的严寒、雨雪和冰冻天气。这主要是由大气环流内部变化因子与自然因子造成的，但气候变暖也可能提供了一种重要的背景条件。

图37.1　2008年2月8日，江西省赣州市遭遇冻雨和雪灾（胡燕摄影）

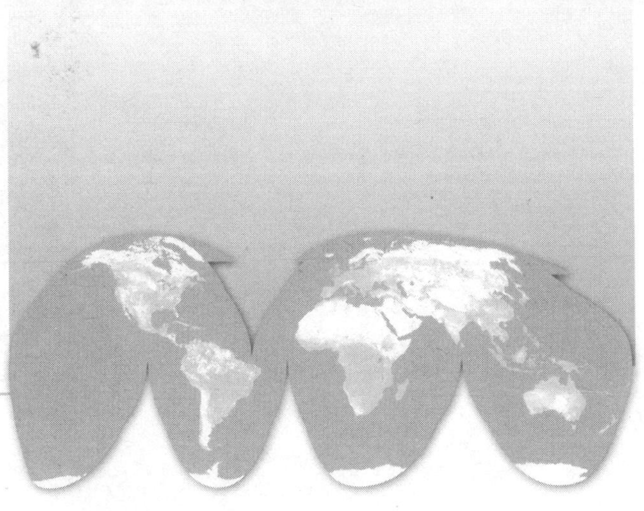

问题38

未来的全球变暖会发生怎样的变化？未来气候会像美国电影《后天》中所描绘的那样突然变冷吗？

从某种程度上讲，气候变化的方式可分为渐进和突变两种，而且以渐进式的变化为主要方式。气候模式研究结果表明，未来几个世纪气候对人类活动影响的响应也是以渐进方式为主。可是有证据显示，在遥远的过去，地球气候曾经发生过突变，特别是在冰期以及气候的剧烈波动期。

来自古气候资料的证据表明，地球系统在末次冰期冰盛期以及1万～1.5万年以前的间冰期经历了大尺度的气候突变。当气候系统处于一种不稳定状态时，有可能发生这种突变，并且这种突变使得格陵兰地区的温度变化在数十年里达到10 ℃。世界上其他地区似乎也经历了类似的气候突变。在过去1万年稳定的全新世时期，气候没有发生如此剧烈的变化。不过，一些科学家所关注的是，人类活动引起的气候快速变化可能会使气候返回到一种不稳定状态，因而再次引发这种突变事件。因此，尽管至少在未来100年里不可能发生这种变化，但也不能排除这种可能性。这一风险似乎随着变化速率的增加而增大，并且假如发生这种变化，其后果将是不可预料的。

海面下约四分之三的深层海水的运动主要决定于海水密度的分布，而密度又主要决定于温度和盐度，故把海洋的深层环流称为温盐环流。在

这种环流中，上层和表层海水向北输送，把大量过剩的热量带向北方，深层的向南回流，把冷水向南输送。这种热量交换的结果使得高纬的天气与气候不至于太冷，变得较为温和。全球变暖后，到达高纬度（如北欧至冰岛）的海水温度也升高，并且由于中高纬降水增加、冰川融化、海水盐度减少，使那里的海水密度减少。这样，下沉的海水速率也将变小，使深海回流海水的速率减慢。在这种情况下，由于失去了南北热量的交换和调节机制，高纬地区将逐渐变冷，最后甚至会进入寒冷的冰期。科学研究表明，暖气候背景下可能导致温盐环流减弱，进而可能造成全球性或区域性的冷事件发生。历史上著名的一次冷事件是出现在距今1.27万～1.15万年的新仙女木事件。目前科学家探测到，伴随着气候变暖，大西洋温盐环流有某种减弱迹象，但科学家预测，离关闭的时间尚早，至少在未来100年间关闭的可能性微乎其微。

新仙女木事件是末次冰期向全新世转暖过程中的一次快速变冷事件。因最初在北大西洋及相邻区域的地层中发现喜冷植物仙女木的花粉突然大量出现，指示气候的突然变冷而得名。后来在远离北大西洋的许多地区，包括我国黄土区、西太平洋边缘海，甚至新西兰的海、陆古气候记录中均找到相应证据。较为公认的新仙女木事件的年代界于距今1.27万～1.15万年间，持续时间大约为1300 ± 70年。新仙女木事件以格陵兰冰芯记录的最为强烈，气温的最大降幅可达8 ℃。新仙女木冷期的开始和结束都是突变性的。结束时，格陵兰地区的气温在不到50年的时间内就迅速上升了7 ℃，在西欧其他地区也有类似变化。

新仙女木事件揭示了全球气候系统内部的复杂关系，表明在冰期之后

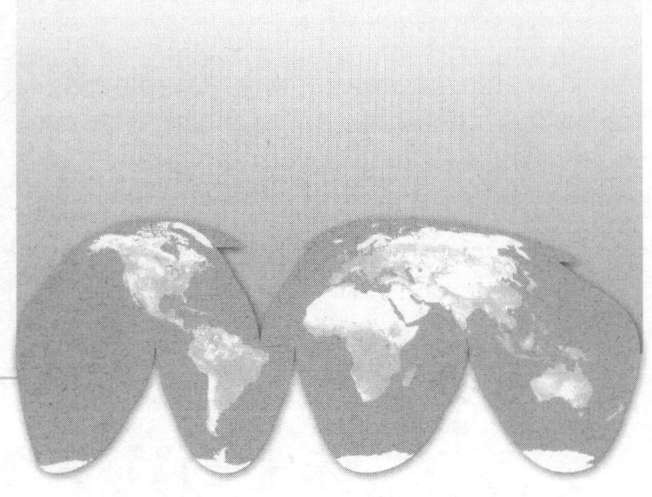

的全球回暖过程中气候系统内部的反馈机制可以造成短时期的气候回暖事件，从而提示人们在当前全球大范围变暖的背景下，应当对出现突然变冷事件的可能性予以足够的关注。

总之，气候系统涉及到许多过程和反馈作用，它们以复杂的，通常是非线性的方式相互作用。如果系统被充分地扰动（例如大气中温室气体含量不断增加，温室效应不断增强，辐射平衡受到明显的影响），这种相互作用的结果能够超越气候系统保持稳定缓慢变化的临界值或阈值，在这种情况下，气候系统的变化将出现不稳定的迅速或突然的变化。从极地冰芯资料中得到，大气状态的迅速变化能够在几千年或更短的时期内发生。因而快速突然而不可逆的气候系统的变化的可能性是存在的，但在发生机理以及突变可能性或时间尺度方面有很大的不确定性。

问题39

未来气候将变暖多少？科学家是如何预测未来气候的？

IPCC 预测，如果不采取全球联合行动减排温室气体，到2100年，全球平均地表温度将相对于上升1.1～6.4℃。

需要注意的是，全球的温度变化将是不均匀的，陆地的变暖大于海洋，中高纬地区有更多变暖的年份，而且冬季的变暖大于夏季。

根据中国科学家的预测，未来20～100年中国地表气温将明显增加，降水量也呈增加趋势。和全球一样，21世纪中国地表气温将继续上升，其中北方增暖大于南方，冬春季增暖大于夏秋季。与2000年比较，2020年中国年平均气温将增加1.3～2.1℃，2030年增加1.5～2.8℃，2050年增加2.3～3.3℃。预计到2020年，全国平均年降水量将增加2%～3%，到2050年可能增加5%～7%。降水日数在北方显著增加，南方变化不大。降水变化时空变率较大，不同模式给出的结果也存在明显差异。

最近的科学研究发现，气候变暖可导致海底低温封存的甲烷融化，大量的甲烷从海底释放，将导致地球更加剧烈的变化，加速地球变暖。此外，升温引起的植物光合作用或细菌活动的变化同样可以增加二氧化碳浓度。由于全球变暖，土壤中的细菌将分解更多的有机物从而产生更多的二氧化碳，且细菌分解有机物产生的二氧化碳要比植物光合作用吸收的二氧化碳多，而温度升高后森林和海洋吸收的二氧化碳减少，这将导致2100年全球升温可能要比当前的预估值高出0.1～1.5℃。

那么，科学家是如何预测未来气候的呢？

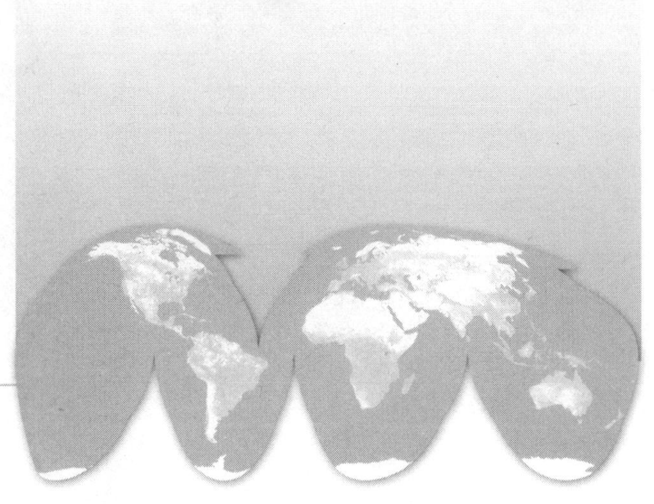

目前科学家主要利用气候模式对气候变化进行模拟和预测。在过去25年中，气候模式得到了迅速的发展。气候模式是根据一套描述气候系统中存在的各种物理、化学和生物过程及其相互作用的数学方程组而建立的。气候模式中必须包括能描述气候系统中各部分的圈层模式及相关的重要过程，然后通过一定的方式把它们耦合在一起，成为复杂的多圈层耦合的气候系统模式，这已成为预测全球气候变化的主要工具。其中最常用的全球模式是把大气与海洋耦合在一起的海气耦合模式，它包括大气模式、海洋模式、海冰模式等部分。气候模式的预测不仅依赖于模式本身的设计水平，而且与计算机技术的发展密切相关。

气候模式的设计包括三个重要的方面，一是如何在气候模式中包括和表征气候系统和许多重要的物理过程（物理、生物地球化学过程等）；二是如何把各圈层的模式或物理过程有机地组合集成在一个庞大的气候系统模式中，这就是所谓耦合技术或方法；三是为了对未来几十年或几百年的气候变化做出预测，必须知道未来全球范围温室气体和硫酸盐气溶胶的排放情景，依据不同的情景，可以预测未来不同的气候变化。

所谓情景就是在对一系列重要内在关系和驱动因子做出协调一致及合理假设的基础上，为世界或地区提供未来发展的可能状态。2000年IPCC出版的《排放情景专题报告》提出了四种全球未来可能的社会经济发展框架。通过对相关假设和特征进行量化，衍生出了多种温室气体排放情景，是评估未来气候变化可能影响的基础。

这些排放情景通过构建多种未来全球和区域社会经济发展情景，并在此基础上分别估计了未来全球温室气体排放量和相应的大气温室气体浓

度。其中主要包括四种排放情景，分别是A1，A2，B1和B2情景。A1情景是一种高排放情景，该情景基于未来经济快速增长、全球人口快速增长并在21世纪中期达到峰值然后下降，同时新的更有效的技术快速出现，其基本点是地区间的趋同、能力建设以及增加的文化和社会间相互联系，以至地区间人均收入上的差距大大减小。A2描述的是一个十分不均衡的世界，其基本点在于保持有明显的地方与自主的特点，经济发展主要是地区性的，全球化不明显，人口持续增长，人均经济增长和技术变化参差不齐，整体发展速度较慢。B1描述的是一个趋同的世界，人口在21世纪中期达到峰值后下降（同A1），但经济结构向服务业和信息产业迅速转变，材料消耗强度减弱，并引入清洁高效的资源技术，强调从全球角度解决经济、社会和环境的可持续发展问题，这种情景意味着未来排放较低。B2描述的是一个侧重于从局地解决经济、社会和环境的可持续发展问题的世界，在这个未来的世界中，人口持续增长，但增长率低于A2情景，经济发展为中等水平，技术变化没有A1与B1快，但更为多样化。它主要着眼于局地或区域的环境保护和社会公平问题。

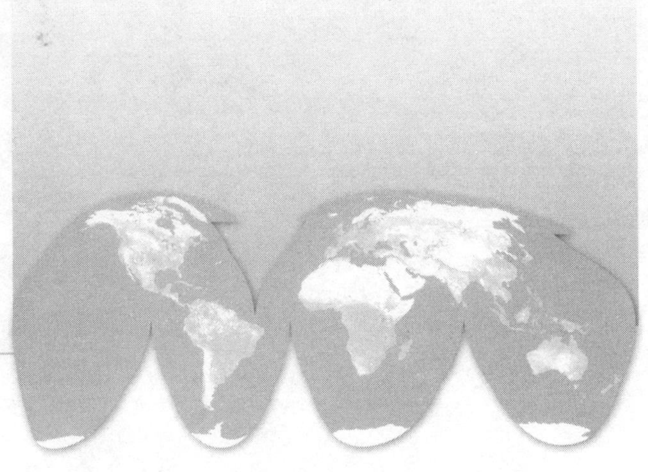

问题 40

全球几度增温的潜在后果是什么?

气候的自然变率可以导致不同年份和不同地区的气候条件存在很大差异。研究表明，只要大约 5.0 ℃的增温就可以使地球从 1.5 万年前的末次冰期缓慢地变化到目前的气候条件。

这种量级上的气候变化将会极大地改变我们所习惯的地球天气特性，其中一些变化实际上是不可逆的。由于生态系统和人类社会已经适应了今天以及最近过去的气候，因此，如果这些变化太快使得生态系统和人类社会不能适应的话，他们将很难应对这些变化。对于许多发展中国家，这可能会对基本的人类生活标准（居住、食物、饮水、健康）产生非常不利的影响。对于所有的国家，极端天气气候事件发生频率的增加将会增大天气灾害的风险。

在全球变化的影响下，我国干旱区范围将扩大，荒漠化将加剧。若二氧化碳浓度增加 1 倍，温度上升 1.5 ℃时，我国干旱区面积将扩大 18.8 万平方千米，湿润区缩小 15.7 万平方千米；若二氧化碳浓度增加 1 倍，温度上升 4 ℃时，干旱、半干旱区和半湿润半干旱区面积将扩大 84.3 万平方千米，湿润区将缩小 59.9 万平方千米。但这只是一定的假设条件下可能发生的情况，具有较大的不确定性。

随着全球变暖，未来 50～100 年，海平面将继续上升。目前我国海平面上升的趋势比较明显，据专家预测，我国未来海平面还将继续上升，到 2030 年中国沿海海平面上升幅度为 1～16 厘米，到 2050 年上升

幅度为6～26厘米，预计到21世纪末将达到30～70厘米。

预测表明，北半球积雪和海冰分布范围将进一步减少，冰川和冰盖在21世纪将继续大范围退缩，南极冰盖的冰量可能由于降水的增加而增加，格陵兰冰盖的冰量可能减少，这是由于径流增加可能超过降水的增加。目前，西南极冰盖的冰架在未来将如何变化成为十分受人关注的问题，因为这部分冰缘位于海平面之下，并且该地区温度明显升高，2002年3月拉森-B冰架的迅速崩塌是一个明显的先兆。但目前的预测表明，在21世纪，西南极冰盖的消失不可能是大规模的，因而也不可能引起明显的海平面上升。

全球变暖后，我国的冰川、冻土和积雪可能减少，山地冰川将继续后退萎缩。根据小冰期以来冰川退缩的规律和未来夏季气温和降水量变化的预测，估计到2050年我国西部冰川面积将减少27.2%，折合冰量约16184千米^3。未来50年我国西部地区冰川融水总量将处于增加状态，天山北麓与河西走廊最大融水径流预计出现在21世纪初期，其年增长量为几百万到上千万立方米不等；柴达木及青藏高原的内陆河流域冰川融水高峰期预计将出现在2030—2050年，年增长约20%～30%；塔里木盆地周围高山冰川2050年前径流增加量可达25%左右。据科学家推断，到2050年，乌鲁木齐河源小冰川将基本消失，我国现有面积小于1千米^{2}的24189条小冰川也将在2050年前基本消失。从小冰期的后期到2100年，中国冰川在350年中将损失二分之一。

随着全球进一步变暖，冻土面积将继续缩小。未来50年，青藏高原多年冻土空间分布格局将发生较大变化，80%～90%的岛状冻土发生

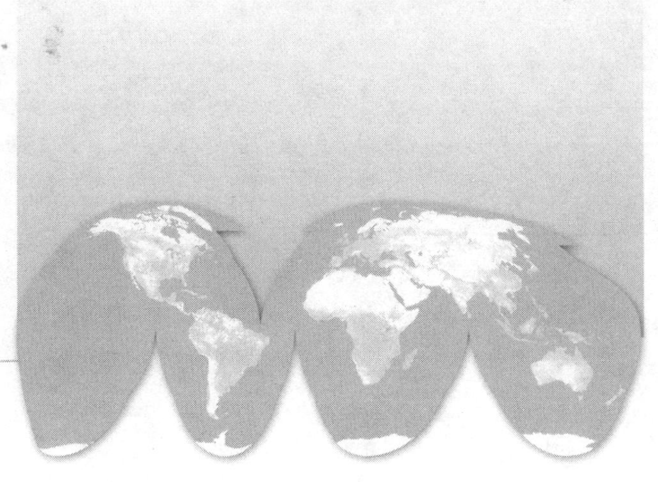

退化，季节融化深度增加，形成融化夹层和深埋藏冻土；表层冻土面积减少10%～15%，冻土下界抬升150～250米，亚稳定及稳定冻土温度将升高 0.5～0.7 ℃。

高山季节性积雪持续时间将缩短，春季大范围积雪提前消失，积雪量将较大幅度减少，积雪年际变率显著增大。到2050年冬季气温将升高1～2 ℃，随着降雪量缓慢增加，青藏高原和新疆、内蒙古稳定积雪区深度将分别以 2.3% 和0.2% 的速度缓慢增加。同时，雪深年振幅将显著增大，大雪年和枯雪年的出现将更为频繁。到2100年，大范围积雪将可能于每年的3月份提前消失，春旱加剧，融雪对河川径流的调节作用将大大减小。

气候变化对生物多样性的影响，取决于气候变化后物种相互作用的变化，以及物种迁移后与环境之间的适应性平衡。在迁移过程中，生态系统并不是作为一个单元整体迁移的，它将产生一个新的生态结构系统，生物物种构成及其优势物种都将会变化，这种变化的结果可能会滞后于气候变化几年、几十年，甚至几百年。植被模拟研究证实，气候变化使某些物种由于不能适应新环境而有濒临灭绝的危险，也可能出现新的物种体系。

科学家分析，在继续变暖的21世纪，森林是最容易受到损害的生态系统，将有相当多的树种面临不适应的气候条件。北半球的树木本来就不够茁壮，因而一些地区的森林将在暖干气候条件下更容易枯萎。这是由于在全球变暖引起的气候快速变化条件下，大多数树种难以找到气候适宜的地点，即物种的生境。生境是物种生存和繁殖的环境条件。不同的树木在某些地点重新发现适宜它们特点的气候生境需要一个长时间的稳定气候。

据我国科学家分析，当降水增加10%时，如温度升高1 ℃，我国天山以北的草原和稀树灌木草原的面积将增加，塔克拉玛干沙漠面积将减少，和田河畔的荒漠河岸胡杨疏林将消失，柴达木盆地的大片戈壁、盐壳及风蚀沙地将有50%发展为荒漠植被，青海湖周围的草甸和沼泽将北延至祁连山下、西伸至柴达木盆地边缘；当温度升高、降水增加时，西北地区的草原和稀树灌木草原、草甸和草本沼泽的面积将有所扩大，部分沙漠被荒漠植被代替。而当温度升高、降水减少时，西北地区的草原和稀树灌木草原、草甸和沼泽面积缩小，荒漠植将被取而代之，荒漠化严重，农业生产受到威胁。在平均温度增加2 ℃，降水增加20%的假设条件下，我国西部森林地带将有所变干，而草原和荒漠地带稍变湿，青藏高原各植被地带的干旱将变得较为严重，各植被的热带量将北移。寒温性针叶林地带转变成温带区域，温带、暖温带的南部变为暖湿带与亚热带，亚热带除北部地区外，都变成热带。温带草原地带的南部积温带和东部荒漠地带变为暖温带，青藏高原各植被地带也都变为上一级热量带。如果平均温度增加4 ℃，降水增加20%，各植被地带都将比现在变得干热，森林地带干旱程度增加，但仍能满足森林的水分要求，草原地带将变得干热，西部草原将变为荒漠区，荒漠地带沙漠化加剧。青藏高原各植被地带的干旱程度均有较大幅度的增加，沙漠化趋势加强。各植被热带量有所北移。

总之，全球变暖将对我国植被的水平分布及垂直分布、面积、结构及生产力等产生很大影响。气候变化将改变植被的组成、结构及生物量，使森林的分布格局发生变化，生物多样性减少等。

有关研究表明，在未来气候变暖而河川径流量变化不大的情况下，平

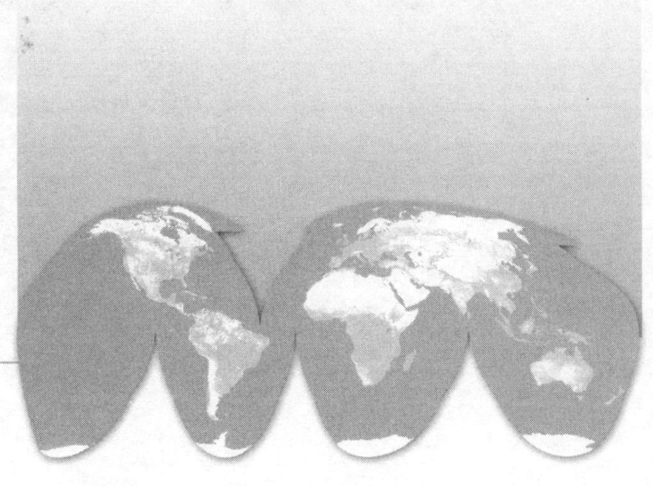

原湖泊由于水体蒸发加剧，入湖河流的来水量不可能增长，将会加快萎缩、含盐量增长，并逐渐转化为盐湖；高山、高原湖泊中，少数依赖冰川融水补给的小湖，可能因为冰川融水增加而扩大，后因冰川缩小后融水减少而缩小；地处山间盆地以降水、河川径流或降水与冰川融水混合补给的大湖，其变化趋势受人注目，如青海湖长期处于较大的负平衡状况，湖水位呈下降趋势。如未来温度继续升高，湖区水面蒸发和陆面蒸散均会有所增加，若多年平均降水量仅增加10%，仍不足以抑制湖面的继续萎缩，仅仅趋势减缓，如降水增加20%或更多，湖泊来水量会增加，湖泊会扩大，水面上升，湖水淡化。

全球变暖对水分供给的影响也是非常大的，预计地球上某些地区将变暖变干，尤其是在夏季，干旱的可能性也将更大，在其他地区预计将发生更多的洪水。气候变化对人类本身主要的直接影响是极端高温产生的热效应，它将变得更加频繁、更加普遍，影响人类健康，同时，较高的温度也有助于某些热带疾病（如疟疾）向新的地区传播。

主要参考书目

[1] IPCC. 2007. Climate Change 2007. Cambridge University Press, Cambridge, UK.

[2] 伯勒斯. 2007. 21世纪的气候. 秦大河，丁一汇等译校. 北京：气象出版社.

[3] 丁一汇，任国玉，等. 2007. 中国气候变化科学概论. 北京：气象出版社.